家·酒场

67道下酒菜，在家舒服喝一杯

比才 著

中国纺织出版社有限公司

献给外婆与妈妈，我的厨艺启蒙

做菜是发自内心的欣喜，

无法克制的冲动，

十分钟里开三次冰箱的傻劲，想转开炉灶的欲望。

序

适量饮酒，身心舒畅

为什么要写一本下酒菜的书呢？因为我希望更多人能享受喝酒这件事。

开始构思这本书时，有朋友告诉我："写下酒菜的食谱可能没有市场，因为买咸酥鸡和卤味太方便了。"确实，一提到下酒菜，不外乎是到处都能轻易取得的咸酥鸡、白斩鸡、卤味和各种小吃，再不然就是商超的成品，太少人愿意花时间花力气，还得花比买外食更多的金钱自己动手做。

"大家不会自己动手做下酒菜"这件事对我来说，可以分成两个层次来思考。前面提到的、外食非常方便当然是主因之一，只要买回家就能马上开酒，省时省力。但我认为还有另一个很重要的原因——"喝酒"的文

化及习惯，大家不会把"在家喝一杯"当成一件日常生活不可缺少的事情。比如欧洲很流行的餐前酒时间、比如日本人口中的晚酌、比如不论在什么样的餐厅外食，都尽量以酒搭餐，又比如把自己家当成居酒屋的家酒场，邀请亲朋好友在家一起喝一杯。以上这些习惯，大致上都挺少见的。

我想做的，就是打破这个情况。

我希望大家爱上喝酒，喝酒是一件多开心舒服的事啊！只要不是酗酒或过量饮酒，每天一两杯适度品饮，多喝点水或做点运动就代谢完成，减轻身体的负担。

我也希望大家愿意动手做，不需要做复杂的菜，也不用花大价钱买昂贵的食材，只要比去排队买咸酥鸡多一点点的时间，就能很快为自己及家人做一道下酒菜。在家喝一杯可以很自在，喝累了马上躺沙发，想配电视配手机配球赛都好，虽然我最希望大家配的是彼此的陪伴与对话。

这本书中介绍的菜都不难，尽量在五个步骤内完成，有时文字稍微多了点，那是因为我担心写得太简略，大家做不出来，请耐着性子读完。

还有一个"设计彩蛋",这本书每一篇的第一道下酒菜都是蛋料理。对我来说,蛋是一切料理的原点,也是最好的酒肴,所以特别安排每一篇都有一道以蛋为主题的菜,喜欢蛋或是不晓得该从哪一道菜下手的朋友,不妨就从每一篇的第一道菜开始吧。

　　为了避免有广告嫌疑,我几乎没有介绍特定酒品,只提到酒类的大项。但我要强调的是,没有什么酒一定搭什么菜,也没有什么酒比什么酒好,酒是个人的、主观的,只要自己喜欢就是好酒,所以如果在文中有配酒建议,那当然只是建议,你永远都能有自己喜欢的搭配。

　　最后,就请大家以放松的心情打开本书,与我一起喝一杯。

目 录

4 节庆的一杯

5 遭遇"小人"后的一杯

6 餐前的一杯

10 甜滋滋的一杯

11 很多很多杯之后

12 为自己调一杯

附录　家酒场的七个关键字

1

每个"酒鬼"都该会的保命急救丹：
蛋的三部曲

"今晚好想喝一杯啊。"

"但是家里除了蛋以外，什么可以配的东西都没有。"

"啊，还有蛋。"

拿一颗蛋，

轻轻摸一下微微粗糙的蛋壳，

那里，

隐藏着全世界最性感的秘密。

你一定有过这样的经验，临时起意想喝杯酒，但是手边什么东西都没有，该怎么办呢？这种时候只要有蛋就行了，只要有蛋，你就能打造一个宇宙。

我最常做的下酒菜其实是蛋料理，而且是用"一颗蛋"就能完成的。对我来说，最方便、最容易完成，也最好的下酒菜，就是各种蛋了。

谁家没有蛋呢？其中我大推半熟玉子、荷包蛋及欧姆蛋这三样，共同点是它们都能在十分钟内完成，当酒兴一发不可收拾、到非喝不可时，只要打开冰箱拿出鸡蛋，十分钟后，它们就是你的保命急救丹。

记得，冰箱一定要有蛋，吃完千万要补。

半熟玉子

橄榄油海盐胡椒／香油盐葱柠檬／黄油辣酱

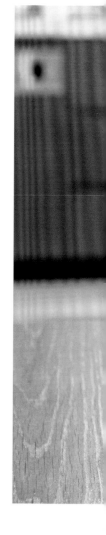

　　半熟玉子，换句话说就是半熟蛋。每个人对蛋的熟度需求不同，有人喜欢蛋黄流动的三分熟，有人喜欢蛋黄浓稠的六分熟，有的人只敢吃全熟。对我来说，我喜欢蛋黄刚刚好凝结成膏的状态，很容易就与酱汁或配料融为一体，一口半颗，再喝一大口酒，非常美妙。不过不论是哪一种熟度，以下三种口味都适合，各有不同风味。

橄榄油海盐胡椒

〈材料〉

初榨橄榄油…少许

海盐…1 小撮

黑胡椒…1 小撮

〈做法〉

在对切的蛋上淋一些初榨橄榄油，撒一点盐及黑胡椒。

香油盐葱柠檬

〈材料〉

香油…少许

葱花…1 个蛋配 1 根小葱，切细

海盐…少许

柠檬汁…少许，黄柠檬或青柠皆可，风味不同

〈做法〉

先在小碗中将所有材料拌匀，再铺在蛋黄上即可。

黄油辣酱

〈材料〉

无盐黄油…1 小块

桃屋辣酱…每半颗蛋配 1 小匙

淡酱油…数滴（可省略）

〈做法〉

在对切的蛋上，趁热放 1 小块黄油，以蛋的温度让它融化，再铺上辣酱。如果想更重口味一些，就再滴 1～2 滴淡酱油。

蛋要怎么煮?

1 用一个小锅,水盖过蛋至少 1 厘米,冷水开始煮。

2 煮滚后,熄火加盖改用闷的。

3 以标准尺寸、放在室温的蛋为准,如果想要五六分熟,请闷三分钟;如果想要八分熟,就闷 3 分半到 4 分钟,如果要全熟,就闷 5 分钟。但如果你的蛋是从冰箱拿出来直接煮,就请把时间都再加 40 ~ 50 秒。

4 蛋的尺寸也会影响闷的时间,各位试几次后就能找到自己喜欢的熟度平衡点了。

蛋要怎么剥?

1 闷足时间后,立刻把锅中热水倒掉并冲冷水。

2 以汤匙背面轻敲蛋的表面,整颗蛋都敲出裂痕,并继续冲一点冷水,让水略微渗透进蛋壳内。

3 在水中剥壳,如果能一开始就把壳与蛋之间的膜一起撕下,后续就很好剥了。原则上越熟的蛋越容易剥,越生的蛋越软,也就越难剥;新鲜的蛋也比较难去壳,一开始可能会剥得丑丑的,但没关系,最丑的那颗自己吃掉。

蛋要怎么切与装盘?

1　可以从腰部上下对切(切面是圆形),也可以
　　左右对切(切面是蛋形)。
2　不论哪一种切法,都建议两端削掉一点点蛋
　　皮,制造一个平面的底,蛋才能稳稳地站在盘
　　子上不会滑动。

桃屋辣酱是什么?

　　这是日本的一款辣酱,不太辣,以大量的香料
与蒜片调制而成,在日本是被定义为"拌饭
酱",但其实配菜、蘸酱、拌面都非常适合。
任何菜只要加 1 小匙就能增加无限风味。

完美荷包蛋

应该没有人不喜欢边缘煎得酥酥的缎带荷包蛋吧？

吃荷包蛋是个仪式，先用筷子把外缘一圈蛋白拆下，一点一点、分次慢慢地吃蛋白，花点时间享受脆脆的焦边，别急着一口气吃光它，因为光是蛋白就能配一大杯烧酒啊。然后才是重头戏，别急，先替自己倒好下一杯酒，把剩下那颗光滑、闪着黄澄澄光芒的蛋黄，整个送进口中，吞下去之前，赶紧再喝一大口酒，让酒香混着蛋黄的浓郁感一同滑入喉咙。

完美。

......

〈材料〉

蛋…1 个

酱油或盐…少许

烹调油…少许

〈做法〉

1. 在平底锅中下 1 大匙烹调油，热锅；但如果是不粘锅，只需少量的油，如果是不锈钢锅或铁锅，油就得多一些才不会粘连。

2. 蛋下锅，一开始别急躁，不要动它，就让蛋安安稳稳地在锅内躺好即可。如果想用盐调味，此刻就可以撒盐了。

3. 等蛋白渐渐凝结时，稍微用筷子或锅铲推一下边，确认它没有粘连。如果想要缎带焦边，就在这个阶段以中小火慢慢煎，也可视情况补一点油在蛋的边缘，让它有煎炸感，煎出你喜欢的酥脆边缘即可。

法国 | Céranord St Amand 餐盘

4. 如果想要洁白无瑕的蛋白，在蛋白开始凝结时，就在锅中加 10 毫升左右的水，立刻盖上盖子闷 15 秒左右，就能熄火装盘。

5. 如果之前没有撒盐，上桌时就淋点酱油。

〈小贴士〉

★延伸吃法：盛碗白饭，把荷蛋包铺上去，淋稍多一点点的酱油，就立马变身荷包蛋井了。

一颗蛋也可以的欧姆蛋

　　知道大家对欧姆蛋有没有这样的共同印象？大厨豪气地打下四颗蛋，加适量黄油一起打匀，唰地下锅，锅内滋滋响着黄油泡泡，迅速地煎出一个肥厚的半熟蛋包，上面佐以一大匙番茄酱汁，画面呈现美丽的红黄对比。

　　你们一定有这样的印象，因为大家都看过日本电视节目。

　　不过，四颗蛋真的太多了，早午餐还行，宵夜或下酒菜不需要这样。我们用一颗蛋也能做到，口感不会差太多，只是分量少一些、身体负担小一些。

〈材料〉

蛋…1 个

盐…适量

胡椒…适量

黄油…1 小块

烹调油…少许

〈做法〉

1. 建议用不粘平底锅做。先在锅中下一点一般的烹调油，再放入黄油一起热锅（只
   用黄油比较容易焦）。

2. 倒入以盐和胡椒打匀调味好的蛋液，趁着尚未开始凝结前，以筷子迅速在锅中轻
   轻搅拌，这样能打入少许空气，让蛋的口感比较蓬松轻盈。

3. 过了 10～15 秒，蛋开始凝结时，从离自己比较远的一端开始，把蛋朝自己的方
   向折过来，变成半圆形，并推到锅边（如图）。将锅子倾斜，让欧姆蛋这一侧底部
   集中加热，大约 10 秒，接着一鼓作气翻到盘子上，用锅铲略整一下形即可。

《小贴士》

　★延伸吃法：单吃就很美味，但
也可搭配番茄酱，或绿色蔬菜一起
吃，或在蛋卷上放一小块黄油，让它
慢慢融化成为酱汁，不过那就是肥上
加肥，请自行评估。

周末的一杯

周末就该喝酒。

周末喝酒是这样的，给自己一些空白时光，放空、发呆、什么都不做也不思考，偶尔望向窗外的阳光或雨滴，然后静静地、自在地，为自己倒一杯酒。

这大约是我每到周末的固定仪式，为自己喝一杯。

周五出门上班前，从酒柜里仔细挑一瓶想喝的酒，红酒、白酒或粉红酒都好，放进冰箱冰着，然后周五那一整天，就是等下班。

那些工作上累积的情绪、疲惫、焦虑在此时统统抛开，只专注于眼前的一杯及几碟小菜。这种时候，我会尽量多花点心思准备下酒菜，也多花点时间做较为费工、但可以冷藏保存三五天的菜品，让下一周的周间晚上也能即食。

所以这一篇的菜色，都是可作为常备菜的下酒菜，不如在周五晚上或周六白天制作，花点时间让它入味，周六晚上就能欢喜地开吃开喝，还能为下一周存一点下酒菜。

溏心蛋

　　如果你的手气好，又掌握了煮蛋精髓，你就能煮出刚刚好五分熟的水煮蛋，再经过两整天浓郁高汤的洗礼，得到的会是表面染上淡酱油色的蛋，不像水煮蛋那样纯洁，蛋体又因为冷藏了一阵子而显得坚挺，从它的肚子中央压下去，没有刚煮好时那么柔软，能感觉到微微的对抗的力。

　　不急，这时别急着一口吃掉它，先让它在室温待一会儿，让蛋黄软化后，再一刀划下，深沉的汁液仍会流一地。

　　这时你再吃它，吸干它，它是你的了。

〈材料〉

蛋…4 个

日式高汤…足够盖过蛋的分量

酱油…适量

盐…适量

〈做法〉

1. 先准备日式高汤，并以酱油及盐调味，要调得比正常的汤再咸一些，放凉。

2. 做水煮蛋，可视个人喜好决定熟度，我通常会准备五六分熟的蛋（水煮蛋做法请参考 P044）。

3. 蛋煮好立刻泡冰水，去壳，泡入冷高汤中至少2天入味。要吃的时候建议对切（切法参考上一章，P045），可搭配一点点山葵、黄芥末或柚子胡椒享用。

《小贴士》

　　★如果想加热再吃，建议先将蛋放到室温，热一点高汤，把蛋放进去 1 ~ 2 分钟就取出，不要热太久，不然就熟了。

日式高汤要怎么煮?

日式高汤是所有高汤中熬煮时间最短的一种,所以我的日常饮食最常煮的就是它。不像鸡高汤、牛骨高汤都需要至少 1 小时,日式高汤只需要 20 分钟不到即可完成,是赶时间的好帮手。

日本料理中正式的做法还会分为"一番高汤"与"二番高汤",家用不需如此讲究。只要准备干昆布、鲣鱼片或小鱼干,时间充裕时,昆布泡水一晚再熬煮而成;没有时间的话,就先以中小火煮昆布及水,微滚时加入鲣鱼片,立刻熄火,待所有鲣鱼片都沉到锅底后,再滤出使用。

即使这种做法已经相对简单了,但大家还是想要更简单的做法吧?其实有许多市售的日式高汤包,在进口超市都能找到,购买时只要挑选完全无添加的产品即可,将高汤包放入水中煮 10 ~ 15 分钟即可。

中里花子｜怀纸皿

牛筋炖萝卜

这道菜是漫画《深夜食堂》中店老板常做的一道菜，算是关东煮的简易版。一般关东煮只用日式高汤，但因为要炖牛筋，所以我混合牛骨高汤和日式高汤，牛肉味比较足。

日本料理中，有很多以高汤"浸渍"入味的菜肴，除了前面的溏心蛋外，关东煮是其中很代表性的一道。其实大部分的蔬菜，如果烹调时间超过40分钟，滋味都煮掉了，要让根茎类蔬菜入味、又能保有本身的甜度及口感，最好的方式就是用浸泡的。别小看这单纯又看似没技巧的手法，这其中其实包含了最重要的烹调元素——时间。

〈材料〉

牛筋…500 克

白萝卜…1 根，去皮轮切

全熟红番茄…2 个，对半切

牛骨高汤…1000 毫升

日式高汤…1000 毫升

七味粉…少许

葱花…少许

盐…少许

淡酱油…2 大匙

〈做法〉

1. 先准备高汤，建议使用牛骨高汤与日式高汤，如果没有牛骨的话，也可用鸡高汤代替，或是全用日式高汤亦可。

2. 牛筋先以滚水烫过，再与对切的西红柿一起放入高汤中，小火慢炖，加盐及一点淡酱油调味。牛筋煮 80 ～ 90 分钟后，加入白萝卜续煮 30 分钟左右，试试看牛筋

是否都煮透，如果可用筷子轻易穿过即可熄火。

3. 通常我们会看白萝卜是否转透明来判断它有没有煮透，煮 30 分钟的白萝卜或许不会全体转透明，但事实上已经熟了，就让汤底的余温慢慢渗入吧。

4. 建议整锅放凉，冷藏一晚再吃，会更入味；赶时间的话，至少静置 2 小时让高汤渗入白萝卜中。吃前撒上葱花或七味粉。

《小贴士》

　　★牛筋炖萝卜也很适合加入白煮蛋，在放入白萝卜时同时加进去，一起炖煮入味。

牛骨高汤要怎么煮？

传统市场的牛肉摊位上，通常可以买到牛骨。第一步先以滚水烫过，洗净附在上面的杂质残渣，再讲究点，可送入 180℃烤箱烤至金黄微焦、油脂滋滋作响后，与清水一同小火熬煮，需 50 ~ 60 分钟。

牛骨若是烤过，煮出来的高汤色泽较深，也会带香气，但若没烤直接煮，颜色则浅，味道也比较没那么浓郁。如果是做西式料理，诚心推荐大家务必先烤过；中式与日式就没那么绝对，省时省事的方法就是用电锅隔水炖。

椒盐毛豆

毛豆被称为"啤酒好朋友"，绝对不是随便说说，我还经常在日本的平价居酒屋点一杯酒后，看到毛豆被当成附赠的下酒菜一起送上来。

从春天到盛夏，毛豆进入成熟的季节，新鲜、带壳、毛茸茸的豆荚在市场随处可见。当然你也可以买冷冻的毛豆，解冻即食，但相信我，只要做过下面这份食谱一次后，就再也不会想吃冷冻货了。

〈材料〉

生的带壳毛豆…300 克

八角…1 粒

花椒粒…大约 20 颗

香油…1 小匙

淡酱油…1.5 大匙

粗盐…少许

黑胡椒…1 大匙

〈做法〉

1. 烧一锅水，放入八角与花椒，待水滚后加盐（分量外，大约水的3%），放入毛豆
   以中小火煮6～7分钟。不要大滚，用小火煮不易破皮。

2. 煮熟后将毛豆沥出，趁热拌进粗盐、大量黑胡椒、淡酱油与香油，混拌均匀即可，
   但静置至少1小时入味更美味。

《小贴士》

★放凉后可冷藏保存2～3天，但吃之前最好先拿出来室温回温，口感较佳。

几煮小鲍鱼

这算是一道高级料理喔。

小时候对鲍鱼的印象不大好，总觉得像在吃橡皮，又硬又没味道。长大后，也还吃过一两次鲍鱼，每次我都在心中大喊："这不是鲍鱼！"真正的鲍鱼口感柔软中带弹，每嚼一下都释出大海的气味。

市场卖鱼的摊上偶尔会看到活的小鲍鱼，每次看到我都会买，用口味稍浓的高汤浸泡一两天，切片蘸点盐，与日本酒非常相配。

〈材料〉

新鲜小鲍鱼…4 个

日式高汤…500 毫升

淡酱油…适量

料酒…适量

紫苏叶…数片

〈做法〉

1. 先处理小鲍鱼，买回来应该是新鲜带壳的（活的）。烧一锅滚水将鲍鱼快烫 15 秒，烫过比较容易把壳取下。取下后，在鲍鱼表面划格子纹，方便入味。

2. 将日式高汤煮滚，加入料酒并以淡酱油调味，要调得比一般直接喝的汤再咸一些，这样浸泡入味才会刚刚好。

3. 将鲍鱼放入调味好的高汤中，高汤的分量需盖过鲍鱼。以中小火煮，煮 10 ～ 15 分钟熄火，就这样整锅一起放凉，再装入保鲜盒中冷藏。

4. 至少冷藏一个晚上再吃较入味，在冰箱中可保存 7 天。

5. 吃的时候铺一片紫苏叶或搭配嫩姜丝一起享用，也可以蘸一点盐或山葵提味。

肉豆腐

　　肉豆腐的重点是豆腐，不是肉，虽然"肉"写在前面。

　　这道菜在传统的日式居酒屋中算是经典，属于一坐下来就可以先点的菜，因为店家会事先煮好，客人点单后只要盛盘就能上桌。大部分的店家会花时间仔细把牛肉煮得软烂到入口即化的程度，目的是为了让肉汁煮到酱汁中，再让豆腐吸满酱汁。如果有时间的话，也很推荐大家这么做，或是放一天再吃，相信我，豆腐会成为你那天的救赎。

〈材料〉

牛五花肉薄片…200 克

木绵豆腐…1 块

洋葱…1/2 个，切丝

日式高汤…300 毫升（没有的话就用清水，但有高汤的味道比较浓郁）

淡酱油或日本高汤酱油…30 毫升

料理酒…30 毫升

葱花…少许

〈做法〉

1. 在锅中放入日式高汤、淡酱油、料理酒同煮，煮滚放入洋葱丝，软化后放入牛肉片，全部牛肉都下锅并煮熟后，再放入豆腐。

2. 将豆腐埋在牛肉片中间，先大火煮滚，再转小火慢慢炖煮。汤汁应该要至少到豆
   腐高度的八成，如果汤汁太少，就加点水或高汤。

3. 煮 20 ～ 30 分即可，视入味状况而定。盛盘时可撒上少许葱花点缀。

〈小贴士〉

　　★如果你用的是非常好的牛肉，如日本和牛薄片，不想浪费它的肉质将它煮
过头，那么就煮熟先捞起，再放入豆腐。等豆腐炖入味后，再把肉放回锅中。但
这样肉味不大够，所以比较好的方式是不要用太贵的肉。

　　★如果想让酱汁更浓郁、更香，也可先将洋葱炒软，放入牛肉一起炒，炒出
香气后依次加入料酒、淡酱油，最后加入日式高汤，煮滚捞浮泡后，再放入豆腐
慢炖。这是做肉豆腐的另一方式，给大家参考。

油封鸡心

　　油封是好东西，是每个"酒鬼"都该会的基本能力，它能延长食物的保存时间又能添加香气和风味，只要冰箱有一盒油封食物，就不用担心没有下酒菜。

　　鸡心是我很喜欢拿来油封的食材，因为它容易取得，在内脏类中相对腥味小，一次多封一些，泡在油中冷藏保存 7 ～ 10 天没问题。经过油封后，香料味会进入鸡心中，也减少了许多人不喜欢的内脏味。

....

〈材料〉

鸡心…500 克

盐…10 克

一般橄榄油…350 ～ 500 毫升（完整盖过鸡心的量）

月桂叶…2 片

胡椒粒…20 粒左右

西班牙红椒粉…适量

去皮大蒜…8 瓣

新鲜欧芹（平叶）…1 小把

〈做法〉

1. 鸡心清洗好后，以盐腌 1 小时。

2. 烤箱预热到 100℃，将腌好的鸡心放进一个可进烤箱的深盘或珐琅盒中，加入月桂叶、大蒜、花椒粒，再倒入橄榄油，橄榄油一定要完整盖过鸡心。放入烤箱油

什么是油封？

油封是以 100℃ 以下的低温，长时间烹调食材的手法。适合油封的食材很多元，肉类是其中应用最多的，特别是肉质比较坚韧或干柴、需长时间烹煮的材料更适合，比如鸭腿、鸡心、鸡肫，海鲜类的金枪鱼或三文鱼也可。

一般家庭内最方便的做法是使用烤箱，将温度设定在 80～100℃，烤箱能帮你维持恒温，通常需时 2 小时到甚至超过 10 小时不等，视食材而定。

如何处理鸡心？

垂直对切，先把上方的组织切掉，就会看到心室内的血管和血，把血拉出来清理掉，再冲水清洗擦干即可。

封 3～4 小时，鸡心没有渗出血水就可从烤箱取出。

3. 刚封好时还没入味，放凉后冷藏至少 1 天再吃。吃之前在小平底锅中火加热 1～2 分钟，加热时可再补一些盐、胡椒及西班牙红椒粉，上桌前撒上切碎的意大利香芹。

茄汁白豆炖牛肚

在欧洲读书的那段时间里，我曾与朋友一同造访佛罗伦萨。穷学生的我们无法吃太多大餐，顶多晚餐时在不太贵的小餐厅坐下来吃份朴实的晚餐，午餐就随便在街头小摊或熟食店买着吃了。

某日，我们闲逛到佛罗伦萨中央市场外，被一股浓郁的红酱香气吸引，不自觉靠近香味的来源。一位胖大妈在一部摊车上卖起了炖牛肚，一份四五欧。那时的我其实还不大敢吃内脏，但实在太香了，于是买一份两人分食。结果我们大概在十分钟内就连酱汁也一滴不剩、稀里呼噜地吃光了。

我就此爱上茄汁炖牛肚，大满足。

....

〈材料〉

牛肚…1/2 副

整粒番茄罐头…2 个

白豆罐头…1 个

洋葱…1 个，切成末

胡萝卜…1 根，切成丁

西芹…1 根，切成丁

淡酱油…1 大匙

雪莉酒醋…1 小匙

白酒…100 毫升

鸡高汤或牛骨高汤…600 毫升（或再多一点）

月桂叶…2 片

干百里香…1 小匙

盐…适量

黑胡椒…适量

〈做法〉

1. 牛肚先以淡醋水煮约 20 分钟，可去腥气并软化，煮好再切成适口小块，同时预热烤箱到 150℃。

2. 大深锅中放油热锅，炒洋葱末、胡萝卜丁与芹菜丁，炒至软化呈微微的金黄色后，放入牛肚。所有材料都翻炒蘸上油后，加入白酒，把锅底刮一刮。

3. 白酒煮滚后加入整颗番茄罐头、高汤，再次煮滚，去浮泡，以盐、黑胡椒调味并加入月桂叶、干百里香、淡酱油与雪莉酒醋提味。

4. 送入烤箱，先烤 1 小时，再拉出来翻搅查看牛肚软化的情况（若太硬就再烤 15 ~ 20 分钟）最后放在火上，加入白豆罐头煮 10 分钟左右即可。

《小贴士》

★若没有烤箱，也可以全程在火上完成，不过要小心不要粘底，需时不时搅一下。当天吃还没入味，最好是放凉、冷藏一夜，隔天吃最好。

3

加班到深夜，
但明天还得上班的一杯

"啊，真要命，居然已经是这个时间了……"
"快回家早点睡吧。"
加班的夜晚，好不容易回到家，已经快十一点了，明天还得早起上

拖着疲惫的身心，用尽上床躺平前的最后一丝力气，

为自己倒杯酒，

喝一口酒，

就能多一分力气，再喝下一杯。

班，这时就该快去洗洗睡了吧。但转念一想，难道要带着一身没散掉的疲惫与烦躁去睡吗？加班完不就该为辛苦的自己喝一杯吗？

走进厨房，打开冰箱，看着冰箱空荡荡的，突然悲从中来。"为什么连想要喝一杯都没有下酒菜！"这个故事告诉我们，家里随时要有一点下酒菜，免得要喝酒时什么都没有，很空虚，再不济，至少要有几罐金枪鱼或沙丁鱼罐头。

不知道罐头可以变出什么吗？别担心，我教你。这一篇，我们来做用现成材料就能在十分钟完成的料理，以及用简单的材料快速上桌的下酒菜，献给每一个加班到深夜的人。

茶碗蒸

　　茶碗蒸，也称"蒸蛋"，是很平常的家庭料理，应该大家都曾在家中吃到过吧？日本料理也几乎都有这道菜，很适合小朋友吃。

　　如此家常的菜，说来也妙，居然是最多朋友问我配方的菜。因为它说简单是真的很简单，但要做出细滑软嫩、口感又不硬的茶碗蒸，却是不简单，除了蛋液与高汤比例配得好外，蒸的时间更是关键。

〈材料〉

※ 蒸蛋

蛋…2 个（约 100 克）

高汤…200 毫升

淡酱油…1 小匙

盐…少许

※ 芡汁

金针菇…1 小把

高汤…60 毫升

水淀粉…少许

〈做法〉

1. 将蛋与高汤混合拌匀，不需打到起泡，用盐和淡酱油调味。

2. 过筛后倒入 4 个容量 75 毫升的茶碗蒸小杯里，加盖或是包上保鲜膜。

3. 放进电锅隔水蒸，电锅跳起后闷 3 分钟取出（如果是在炉台上蒸，就以中小火蒸 6 ～ 7 分钟）。

4. 如果要加芡汁，就趁蒸的时候准备。在小锅中煮高汤及金针菇，煮滚倒入水淀粉，边倒边搅拌成浓稠状，再浇在茶碗蒸表面。

茶碗蒸要用什么高汤最适合？

　　没有最适合，只有最喜欢。一般来说，我会用日式高汤，但其实鸡高汤、蔬菜高汤甚至是泡开干香菇的水都很适合，茶碗蒸虽然会有蛋香，但基本上用什么高汤就会呈现怎样的风味，所以可自己决定。

茶碗蒸有什么变化版吗？

　　当然有。茶碗蒸可以热食，但也可以冷食。蒸好放凉后放入冰箱冷藏，非常适合夏天享用。淋上芡汁能增加茶碗蒸口感的丰富度，比如这里写的金针菇芡汁。

　　也可以在其中加料，很多妈妈会放鱼板、蛤蜊、香菇或是鸡肉，都适合。只是我们这里的版本是小分量的，所以要放料的话，以两种为限，不然就太挤了。

鲣鱼酱油拌豆腐

　　冷豆腐是日本居酒屋的常备菜，大约是每家居酒屋都有的菜品，如果你在菜单上看到"冷奴"，就是指冷豆腐。或许你会觉得不就是豆腐加酱油，有什么特别吗？真的可以下酒吗？当然没问题，好的豆腐豆香浓密，优质的酿造酱油略带甘甜，又更衬托出豆腐的口感和风味，是清凉的夏日酒肴。

〈材料〉

日式嫩豆腐或板豆腐…1块

鲣鱼片…1小把

葱花…1大匙

白芝麻…1小匙

酱油…1大匙

〈做法〉

1. 如果准备的是板豆腐，先将外皮削掉，只保留内部软嫩的地方。

2. 在豆腐上随个人口味放入葱花、鲣鱼片与白芝麻，酱油则找一个小酱油瓶或酱汁盅装起来，同时送上，吃之前再加。

冷豆腐还可以有什么变化?

　　这里介绍的是基本吃法,但变化其实很多,以下列
出几个组合,欢迎大家试试。

1　姜泥＋高汤酱油。

2　番茄丁＋海盐＋初榨橄榄油。

3　炒香的吻仔鱼＋柠檬。

4　洋葱丝＋和风沙拉酱。

5　酱油渍蛋黄(请参考 P124)。

中村惠子｜唐津烧｜五寸皿

蒜烤油渍沙丁鱼罐头

　　我家食材柜里随时有三种罐头：金枪鱼罐头、鳕鱼肝罐头和沙丁鱼罐头，被我称为海味罐头三宝。这道菜超简单，当我夜深才突然想喝一杯时，常常派它上场，步骤不过就是打开罐头、装入耐热容器、切大蒜与送进烤箱而已，跟白酒真的很搭噢。

〈材料〉

油渍沙丁鱼罐头…1 罐

大蒜…3 瓣

法国面包…数片

〈做法〉

1. 预热烤箱至 180℃。

2. 将沙丁鱼自罐头内取出，放入可进烤箱的容器内，将蒜切薄片并铺满沙丁鱼上，尽量让它们都浸到油。送进烤箱烤 15～20 分，烤到表面起泡、蒜片转金黄或滋滋作响即可。

3. 可将沙丁鱼铺在烤过的法国面包片上一起享用。

凉拌鳕鱼肝

　　我对鱼肝一直都有点抗拒，直到有一天看到社交网站的好友 Mina 在她的粉丝团 "HM 食堂" 做了这道菜，觉得很心动。成品非常美味，说鱼肝完全没有一点腥味是骗人的，但重点在于如何用其他食材巧妙引出鲜甜海味并盖过腥味，如果你要找一道适合配日本酒或酸度较高的白酒，它就是你的极品下酒菜。

〈材料〉

鳕鱼肝罐头…1 罐

洋葱…1/4 个，切成细末

萝卜泥…3 大匙

沙拉酱或自制日式沙拉酱…1.5 大匙

葱花…少许

黄柠檬汁…少许

〈做法〉

1. 准备要装盛的小碟，先在底部舀入 1 大匙萝卜泥，放入鳕鱼肝块，再铺上剩下的白萝卜泥，接着放上洋葱细末。

2. 淋上沙拉酱，最后撒点葱花即完成，可以再挤一点柠檬汁一起享用。

沙拉酱要怎样调?

沙拉酱的两项基本元素是油脂和酸，在这两者的基础上可以依自己喜好加入其他调味料，如盐、花椒、香料、果酱、芥末酱、酱油、蜂蜜、山葵，甚至味噌都行。

一般来说，西式的基础色拉酱会用1∶3的醋和油，再加盐与花椒调成。日式沙拉酱会以柠檬汁或是白醋作为酸性元素，加入蔬菜油、少量的香油、芝麻，以及淡味酱油或高汤酱油，增加日式的元素在内，就成为日式沙拉酱。

这个食谱推荐用日式沙拉酱，也可直接购买市面上的现成沙拉酱。

金枪鱼萝卜丝沙拉

有一次在家请客，我做了凉拌鳕鱼肝。其中有位朋友不吃鳕鱼肝，问我能用什么东西代替鳕鱼肝罐头，于是我试着用最常见的金枪鱼罐头来做，效果非常好。我不想再加洋葱，想换个口味，于是灵机一动改用萝卜丝，没想到意外地搭，不敢吃鳕鱼肝的朋友可以试试。

〈材料〉

油渍金枪鱼罐头…1 罐

白萝卜…1 小截，刨成丝

市售沙拉酱或自制日式沙拉酱…2 大匙

黑胡椒…少许

盐…少许

紫苏叶…1 片

柠檬…1 角

白芝麻…1 小匙

〈做法〉

1. 白萝卜刨丝，或用切的也可，加盐搓一搓，将出的汁液挤掉。

2. 金枪鱼罐头打开，将渍的油沥掉，用筷子或叉子将金枪鱼剥松，加一点黑胡椒调味。

3. 在小钵中铺上紫苏叶与金枪鱼，再放萝卜丝，最后淋上沙拉酱，挤一点点柠檬、撒上白芝麻酱即成。

黄油煎牛排

有些深夜，会突然很想吃大块的肉，比如牛排。

大部分的超市都有卖牛肉，许多冷藏牛排在晚上快打烊的时段会特价，有时甚至低至五折，跟生鱼片一样。所以下班回家前，逛逛超市真的是个好选择。

很多人会犹豫要买哪个部位好，我自己最喜欢带点油脂的肋眼；喜欢非常软嫩口感的话，可以选菲力；想吃骨边肉或带筋的肉，可以选牛小排。

牛排是我很喜欢的肉料理，好的牛排不复杂，不需要多余的料理花招，不用酱汁，直球出击，煎到喜欢的熟度就可上桌，绝对是懒人料理。

〈材料〉

牛排…1 块（厚度 2 厘米）

黄油…1 块

盐…适量

胡椒…适量

黄芥末酱…适量

〈做法〉

1. 牛排务必先完全解冻，并放到室温（超市买回来如果立刻要吃，就不要再冷藏了）。

2. 把你的抽油烟机开到最大，热锅，放入一点烹调油与 1 大块黄油，要热到冒烟那种热度才行（只用黄油比较容易焦，所以也放一点色拉油）。

3. 在牛排的两面撒上大量的盐和胡椒，不用担心盐过量，因为在烹调过程中，很多盐其实会掉落，并不会全进你肚里。如果没有足够的盐，是带不出肉香的。

4. 锅热好后牛排下锅，第一面煎 3 分钟后，翻面再煎 2 分钟，这样大约是五分熟；
   再翻一次面各再煎 1 分钟，大约会到六七分熟。这些时间只是大约，毕竟还是要
   看牛排的厚度，可以用手指压压看，压起来的触感越软越生。

5. 起锅后，在盘子里静置 5～6 分钟，让肉汁回到肉的中心，这样切下去才不会流失。

6. 吃的时候，可以再视情况加点盐、胡椒或黄芥末酱。

生鱼片大变身

炙烧干贝／柑橘海鲜沙拉

前面提到，很多超市的牛排在每天晚上八点钟、甚至七点钟后，就会开始打折，越晚折扣越多。不只牛排，生鱼片也是，因为生鲜是有时效性的，隔天完全无法卖，所以当然会尽量促销出清。加完班回家前，不如到超市转一圈，有时候可以找到不少便宜好货。

但总不能每次都蘸山葵酱油吃，即使是生鱼片也是会腻的呀，这里来介绍两种变化吃法。

炙烧干贝

〈材料〉

可生食干贝…4 颗

酱油…少许

调味海苔…4 片

〈做法〉

1. 用喷枪炙烧干贝两面，再刷上酱油。
2. 如果刚好有紫苏（生鱼片的盒内，常常有两片垫底用的），在海苔内先放上紫苏叶，再放干贝，夹起来吃能增加香气。

《小贴士》

★如果家中没有喷枪，也可直接将干贝与黄柠檬切薄片后，挤上黄柠檬汁、撒一点盐与切碎的紫苏叶，做成"干贝塔塔"即食（如本页左上图）。

英国 | Minton 点心盘

柑橘海鲜沙拉

〈材料〉

生鱼片（白肉鱼、金枪鱼赤身、干贝、甜虾皆可）…8 ～ 10 片

黄柠檬…1/3 个

橙子…1/3 个

洋葱…1/4 个

市售沙拉酱或自制日式沙拉酱…1.5 大匙

〈做法〉

1. 将生鱼片切一口大小，黄柠檬先对切再切薄片，橙子去皮后切块，洋葱切丝。

2. 将所有材料混合，并加入沙拉酱即可。

4

节庆的一杯

　　村上春树在《挪威的森林》的扉页上，写了这句"献给每一个节庆"。这个法语 fête 也有节庆、节日、庆典，甚至宴席的意思。

　　我很喜欢这句话，"每一个节庆"。对我来说，是不是 fête，完全在于自己的心境，只要我想要，日日皆节庆，再平常的日子都可以是一场

就像一场仪式，
水晶酒杯、
蓝卉法国古董盘和银制刀叉，
铺排一桌的华丽。

"fête"，每天都能当成节日来过。所以我不将就，就算只是日常的两人晚餐或深夜小酌，我也当成一场宴席来安排，可以简单，但不简陋随便，拿出心爱的餐具，仔细漂亮地装盘，再为彼此倒一杯酒。

然后，敬每一个平凡的节庆。

芦笋与半熟玉子佐自制蛋黄酱

有一道法国传统菜是以蛋黄酱配水煮蛋，半熟的或全熟的皆可，重点在于要用蛋黄酱裹满整颗蛋，蛋上加蛋，非常疗愈。

"美食作家亚曼达·赫瑟尔说，有一回她与茱莉亚·柴尔德共进午餐，只见茱莉亚点了蛋黄酱水煮蛋，吃得津津有味，一脸欣喜。"

第一次在书上读到这段话时，短短的两行文字，却无比打动我。我几乎从桌前跳起，打开冰箱拿出蛋、橄榄油、大钵和搅拌器，义无反顾地开始打蛋黄酱，我也想要那股"一脸欣喜"。

对这个画面的强烈想象让我想自制蛋黄酱，但是我不想吃蛋黄酱水煮蛋，我想做稍微清爽的菜，于是想出这道菜，以水煮芦笋和半熟水煮蛋来配自家制蛋黄酱。这道菜再平凡不过，不是水煮就是单纯的搅拌，调味也只有盐、胡椒与少许的柠檬汁。我常常在周六做这道菜当轻简的午餐，然后开一瓶冰透的云雾之湾酒庄的长相思白葡萄酒（Cloudy Bay Sauvignon Blanc），美好。

....

〈材料〉

※ 蛋黄酱

蛋黄…2 个

橄榄油…100 毫升

盐…少许

黑胡椒…少许

黄柠檬汁…10 毫升

黄柠檬皮…少许

白酒醋…数滴

※ 芦笋与半熟玉子本体

芦笋…4 根

蛋…1 个

盐…适量

胡椒…适量

橄榄油…适量

〈做法〉

※ 蛋黄酱

1. 先把蛋白蛋黄分开，只取蛋黄并将其与盐搅拌均匀，再慢慢加入橄榄油。一开始只先加一两滴，同时持续搅拌，待油与蛋黄充分融合后再继续加。千万急不得，就是得慢慢来、慢慢加，而且要一边加一边搅拌。可以试着左手加油，右手搅拌。

2. 加了一半的橄榄油后，挤点柠檬汁，如果觉得太浓稠也可以加一点点水（分量外）再继续打入橄榄油。

3. 重点是打到喜欢的口感和稠度，总共加了多少油倒不是重点。打到丝绸滑顺绵密的状态时，试味道，磨黑胡椒，磨柠檬皮，滴白酒醋，看看需不需要再补点盐。

※ 水煮芦笋与半熟玉子

1. 先煮白煮蛋。在一小锅中放入冷水与蛋，水的高度必须盖过蛋至少 2 厘米。以大火煮，煮滚后熄火加盖闷 4 分钟，把蛋拿出来冲冷水剥壳。

2. 另一锅烫芦笋。芦笋事先削皮去尾，锅里的水烧滚后放一大匙盐，再放入芦笋。煮的时间长短与芦笋的粗细有关，一般来说，白芦笋需要煮得比较久，软一点比较好吃，绿芦笋则是刚刚好熟了即可，保留一点口感。原则上煮到稍微呈透明状即可。

3. 芦笋捞起后，放上切半的白煮蛋，以盐、胡椒及橄榄油调味，并搭配蛋黄酱一起吃。如果不喜欢蛋黄酱，也可以只撒一点盐、胡椒、橄榄油与柠檬汁，是另一种风味。

白兰地鸡肝酱与无花果

我做的鸡肝酱一绝。

吃过的朋友、家人，还有上过我料理课的学生应该都会同意。那大概是点击率最高的一道宴客菜，当前菜非常好，大气，低调，但隐隐带着跳脱常规的华丽，因为是内脏料理，也不是什么平日餐桌会有的菜。

鸡肝酱灰中透粉的颜色，稠稠绵绵，上头撒了大粒粗盐和西班牙红椒粉，一旁堆着一叠法棍切片，切片的无花果。让大家自己动手，用奶油刮刀挖起实实在在的一大匙，抹在面包上，和着无花果一起咬下，再啜一口黑皮诺葡萄酒（Pinot Noir）。

然后，你就征服一桌朋友的心。

〈材料〉

鸡肝…300 克

洋葱…1/3 个

黄油…40 克

淡奶油…30 毫升

肉豆蔻粉…1 小匙

盐…适量

胡椒…适量

肉桂粉…1 小匙

红椒粉…1.5 小匙

白兰地…1 大匙

波特酒…2 大匙

雪莉酒醋或红酒醋…数滴

〈做法〉

1. 鸡肝提前处理，将上面的筋膜、杂质、血丝清理掉，洗净。如果有时间的话，泡一整夜的牛奶去腥。时间不够也尽量泡 2～3 小时。

2. 洋葱切末，黄油放到室温软化。

3. 在平底锅中加一点油，先炒洋葱末，炒到金黄透明后，盛起来备用。

4. 同锅继续炒鸡肝，炒到五六分熟，内部还是软嫩、粉红色的程度时，加入白兰地与波特酒很快翻几下，让酒精蒸发，用盐、胡椒调味，熄火盛出。

5. 准备食物料理机或手持搅拌棒，放入炒过的鸡肝、洋葱，先慢速打，大略打碎后，一小块、一小块加入软化的黄油，继续打匀成糊状。

6. 调味道，加入其他所有香料（肉豆蔻粉、肉桂粉、红椒粉）、雪莉酒醋、淡奶油，再搅拌一下，这时应该会柔软滑顺很多，试试看味道，看看需不需要补点盐或香料。

7. 可搭配法国面包、无花果或莓果类果酱享用。

柠檬油渍虾

这道菜最迷人的时刻，我觉得是在密封的玻璃罐里。

我的想法跟很多人不一样，菜不能只有好吃，也必须要好看。橘红的虾仁、黄色的柠檬、白色的洋葱丝与暗绿色的月桂叶，统统密密实实地挤在一个 Weck 玻璃罐中，五颜六色，一眼望去多美，若是家里厨房台面能摆着一排各色自制罐头，看着也开心。当然，也绝对好吃。

〈材料〉

虾…12 只

洋葱…1/4 个

黄柠檬…1/2 个

大蒜…1 瓣

月桂叶…1 片

干辣椒…少许

黑胡椒粒…10 ～ 12 颗

盐…少许

橄榄油…适量

〈做法〉

1. 洋葱切细丝，柠檬轮切薄片，大蒜切片。

2. 虾剥壳后洗净（用大量材料分量外的水淀粉和盐一起搓洗，再用水冲掉，重复 2 次），滚水烫熟后，立刻泡入冰水中冷却，这样虾肉才会紧实，取出用纸巾擦干。

3. 准备一个干净的密封罐，里头不能有任何水分或脏污。

4. 在干净的密封罐中，一层层叠入黄柠檬、洋葱、蒜片、虾仁及香料（黑胡椒粒、月桂叶、干辣椒），最后再倒入橄榄油，油务必盖住所有的材料，在冰箱腌渍至少一晚。

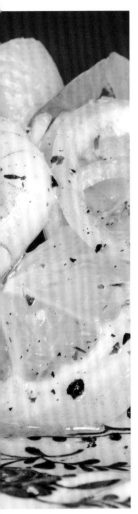

英国｜H.Aynsley & Co. Ltd｜Copenhagen 系列点心盘

《小贴士》

　　★干燥或新鲜的香料不拘，我习惯用月桂叶、黑胡椒和意大利干辣椒，但也可加莳萝、百里香等，没有香料只有洋葱、柠檬、大蒜也行；干辣椒也可用新鲜的取代。有其他变化，如透抽（剑尖、抢乌贼）、干贝、小卷（锁管）、小章鱼等；油全部盖过海鲜，腌渍足 48 小时，在冰箱中可放 3 ~ 4 天。

　　★时间允许的话，在吃之前提早 1 小时从冰箱里取出，恢复至室温。可准备切片的法国面包与生菜，就是美观美味的油渍虾三明治；也可做成分量小而体面的宴客开胃菜。

如何消毒密封罐？

　　有几种不同的方式。简单版是将罐子洗净后，以可食用消毒用酒精喷洒表面，让它挥发擦干即可；另一种方式是将整个瓶子放入一锅滚水中，至少煮 5 分钟，再用烘碗机烘干。

紫苏三文鱼籽高汤冻

　　我已经忘记当初是怎样想出这道菜的了，大约是某次在日本料亭（高级日本料理店）吃到调味过的高汤冻，冰冰凉凉很好吃，决定试着把它跟生食的海鲜搭在一起。

　　跟奶酪或布丁一样，高汤冻我也偏好非常软嫩的口感，最好入口即化，所以我通常把吉利丁的比例降到很低。我喜欢用叉子把高汤冻划开，拌得碎碎的，再配上口感接近的海胆或三文鱼籽，透心冰凉，轻松滑入喉咙。

　　高汤冻其实就是半固体的酱汁，为三文鱼籽或其他生鱼提味，最后挤上几滴柠檬或金橘；不想吃海鲜的话，我也做过直接淋在蔬菜上的版本，也是美味。哪天请客时端出这道当前菜吧，华丽又大盘，你家就是"割烹"（正宗的日本料理店）。

〈材料〉

日式高汤…400 毫升

淡酱油…少许

盐…少许

吉利丁片…5.2 克

三文鱼籽…适量

新鲜紫苏叶…4 片

绿色小金橘或柠檬…4 小片

〈做法〉

1. 煮高汤，并以淡酱油、盐调味。试吃一下，调到喜欢的浓淡即可。

2. 高汤先维持小火不要关，将吉利丁片浸泡在冷开水中，40 ～ 50 秒，软化后取出放入高汤中，仔细搅拌开，确定全都溶解后即可熄火。

3. 放凉后冷藏至少 6 小时定形。

高汤冻的吉利丁比例？

以前曾经有位熟识的甜点师傅跟我说过，传统意式奶酪的吉利丁比例是每100毫升的液体，配1.5克的吉利丁，做出来很细滑软嫩，我觉得若是要从模子里翻出来，应该不容易。不过我一直把这个比例放在心上，之后每次做需要加吉利丁的料理时，会在心中衡量我想要的软硬度是如何。

以高汤冻来说，我觉得最完美的比例是每100毫升的高汤，对上1.2到1.3克的吉利丁。这样做出来的高汤冻，颤颤巍巍，几乎能用滑地入口，且入口即化。不大可能从模具里翻出来，所以比较适合挖出来铺在小巧的容器上享用。

4. 要吃之前再装盘，先铺上紫苏叶，舀入几匙高汤冻，再铺上三文鱼籽，旁边放半颗小金橘或切成扇形的黄柠檬。

5. 这道菜可以搭配很多种海鲜，海胆、三文鱼籽、蟹肉、生食甜虾、生食干贝（切片），当然也可以双拼或三拼。

巴斯克风番茄渍干贝

这是来自旅行的灵感。

2018 年在西班牙巴斯克一家米其林一星餐厅里吃到让我非常惊艳的前菜。用番茄和洋葱泥腌渍的明虾，虾只烫到半熟，切大块，靠柠檬汁的酸度继续烹煮它，端上桌时熟度就是漂亮的九分熟，带点微微的透明感，当然，一定要非常新鲜的海鲜才能这样做。

回家后我一直很想重现这道菜，但不容易买到质量非常满意的可生食明虾，索性改用干贝来做，也很棒。

〈材料〉

生食等级干贝…6 颗

全熟番茄…1 小个

洋葱…1/8 个

黄柠檬汁…1/2 个

橄榄油…适量

盐…适量

胡椒…适量

欧芹…1 小把

〈做法〉

1. 番茄去皮。在番茄的底部以刀划十字，不要切到太多番茄肉，放入滚水中烫一下，待番茄皮快脱落时即可捞起去皮切。

2. 用食物处理机将番茄及洋葱打碎但不成泥，再加入盐、胡椒、黄柠檬汁、橄榄油调味，可以调得略重些，成为番茄泥。

3. 可生食的干贝以滚水烫至三分熟，一片为二，以刚才做好的番茄泥腌渍至少 1 小时让它入味，至多可以隔夜再吃。

4. 上桌时撒一些切细的欧芹。

《小贴士》

    ★洋葱与番茄的比例上，洋葱的味道重，有点抢戏，我试过几次，觉得洋葱和番茄比例 1∶4 是差不多平衡的味道，想要洋葱味强一些，就自己调整比例；但也需要斟酌番茄与洋葱的产地与大小，总之，做菜随兴点，试着调整到自己喜欢的味道吧！

纸包烤虾与小番茄

　　纸包是很方便的烹调法，不只可以烤虾，也可以烤鱼、烤菇、烤根茎类蔬菜。以烘焙纸包起后，食材的水分锁在里头，会有类似半蒸烤的效果，这样烤出来的食物口感恰好，不干不柴，非常美味。

　　但这道菜最大的优点及卖点，我觉得是不用刷锅。

〈材料〉

虾（大白虾、蓝钻虾、红虾或明虾皆可）…6 ～ 8 只

半干番茄…20 瓣

大蒜…4 瓣

黄柠檬半圆片…5 ～ 6 片

欧芹…1 棵，切成末

盐…少许

胡椒…少许

橄榄油…适量

〈做法〉

1. 烤箱预热至 180℃ ；大虾去虾线，剪掉触须；大蒜拍开、切细末；黄柠檬切半圆片。

2. 在双层烘焙纸中排入虾、蒜末、半干番茄、柠檬片，以盐和胡椒调味。先将烘焙纸的两端像糖果纸一般卷起，从中间的缝中加入白酒与橄榄油，裹紧，送进烤箱烤 15 ～ 18 分。

3. 烤熟后，撒上欧末，补一点现磨胡椒即可。

半干番茄怎么做？

　　将小西红柿对切，不重叠地平铺在烤盘上，以 100～120℃烤 2.5～3 个小时，烤到半干。以保鲜膜或保鲜小盒子分装冷冻，可保存数个月，或也可泡在橄榄油中，做成油渍半干西红柿，做各种炖烤、烤箱料理或色拉时，都能增加一些酸甜风味，运用方便。

《小贴士》

　　★铺上双层烘焙纸，是为了避免食材高温烘烤后，流出的水分将烘焙纸弄湿弄破。

　　★纸包烤物的料理方式还有以下变化版：

　　●黄油三文鱼烤菇：三文鱼片两面抹盐及胡椒，放入纸包内，上面放一块黄油与一把喜欢的菇类（蟹味菇、白玉菇或金针菇都很搭），磨一点黑胡椒，再包起来烤。

　　●烤柠檬鱼：鱼清洗干净并擦干，两面抹盐及黑胡椒，放入纸包内，在鱼上面排上黄柠檬薄片，淋一点橄榄油再包起来烤。

　　●中式吃法：不论是烤虾、烤鱼或烤菇类，只要把调味换成淡酱油、姜、蒜与一点香油，马上就成了中式口味。

菲菲的羊小排

菲菲是我的好朋友，大概是最好的那一种。

他非常喜欢吃羊肉，不晓得是不是因为家人都不吃羊肉，四周也没什么朋友吃羊肉的缘故，他总是吵着要我做各种羊肉料理给他吃，但是我自己也完全不吃羊肉啊，简直强人所难。

但看在多年老朋友一场的份上，在他吵闹一整年后，每年年底我会办一场菲菲专属的"尾牙"，做一道羊肉料理给他吃（而且我本人完全无法试味道），这是我最常做的一道，很简单，只要买到质量好的羊小排就万无一失，即使不试味道也不会失手，如果你也有一位爱吃羊肉的朋友，请务必做做看。

我觉得菲菲应该要满足了，因为我写了一本食谱，只有他得到一款专属于他的菜品，其他人都没有。

....

〈材料〉

羊小排…4 根

盐…适量

胡椒…适量

红酒或玛萨拉酒…1～2 大匙

〈做法〉

1. 羊小排放至室温，在两面撒上盐与胡椒。

2. 热锅，下点烹调油，油热后将羊小排放入煎香，每面煎 1.5～2 分钟。加入红酒，因为锅很热，所以会快速蒸发，迅速把羊肉在酱汁上蘸一蘸、滚一滚，这样煎出来约是六分熟，切开可见漂亮的粉红色；若想更熟一点就再多煎 30 秒。

《小贴士》

★可以搭配一点柑橘或莓果果酱来吃，当然若有可以去除羊肉腥羶的薄荷酱也挺好。

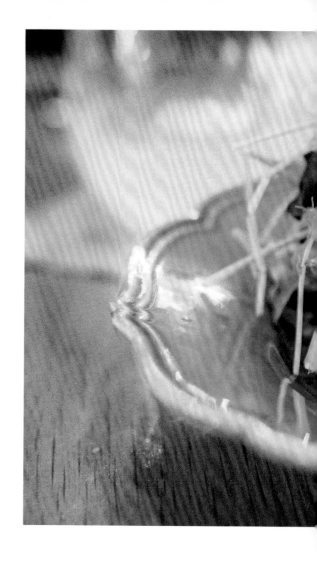

5

遭遇"小人"后的一杯

每个人都有低潮期，毕竟人生不如意之事十有八九。

想想谁四周没有"小人"呢？在公司茶水间的耳语，在老板小房间里的闭门会议，在你背后的不知名暗箭，在聊天群里的闲话。似乎他们什么缝隙都能钻，什么环境都能生存。

沮丧的时候，

再多的咒骂、抱怨、诉苦，

都抵不过，

给自己雪中送炭的一杯美酒。

冈本纯一 | 花边皿

所以，我们要自强。遭遇不美好时，除了在朋友那里取暖，至少应该学会几道疗愈菜，做给自己吃，安定身心，强壮体魄，才能抵抗外辱。

疗愈食物的存在真的有其必要，甚至必要时，它能救命保身。别听人家说什么不要喝闷酒的鬼话，闷的时候就是要好好喝一杯，配点像样的下酒菜，才能把灰色情绪一扫而空。

高汤蛋卷

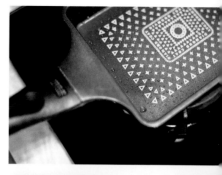

高汤蛋卷，是我在日本许多小料亭或居酒屋都会点的一品料理，因为它是测试一家店功力以及用料的指标。

完美的高汤蛋卷，表面不能带一丝焦色，一定是纯净的鹅黄；用筷子轻轻按压，汤汁立刻从层层毛细孔中满出，配着生萝卜泥与几滴酱油一起送进嘴里，蛋的浓郁及昆布鲣鱼香在口中化开，"啊，是好蛋无误啊！"

是否疗愈？我觉得挺疗愈的。

〈材料〉

蛋…3 个

日式高汤…60 毫升

盐…少许

淡酱油…1 小匙

〈做法〉

1. 准备蛋汁，将蛋打散、打匀，加入日式高汤、淡酱油和盐。

2. 开中火，在平底锅或玉子烧锅里倒一点油，以筷子夹一张厨房纸巾，蘸着油擦拭锅面，确保整个锅都涂上薄薄一层油。

3. 待锅热了后，倒入 1/4 的蛋汁，摇晃锅子，让蛋汁平均分布在锅中，以筷子快速略为搅拌，让蛋的表面有点皱皱的。搅拌 2～3 秒即停下，让蛋汁凝结到六七分熟，再用锅铲从锅子的一头卷到另一头（我习惯从远端往自己这头卷）。卷的时候要轻巧，可以一手持木铲一手拿筷子帮忙，比较好卷。

4. 卷到锅子的一边后，以刚才擦过锅底的吸油纸巾，再次抹过锅底补油。

5. 接着，与前一回相同，倒进蛋汁。不同的是，要用筷子把已经卷起来的蛋卷稍微拉起来，让蛋汁也流进它的下方，才能让两者粘在一起。然后再次把蛋卷顺着卷过去，成为更厚实的一卷。

6. 重复此动作 1～2 次，或直到蛋汁用完。通常 3 个蛋可以卷 3～4 次。

7. 卷好后倒出来装盘，趁热上桌。

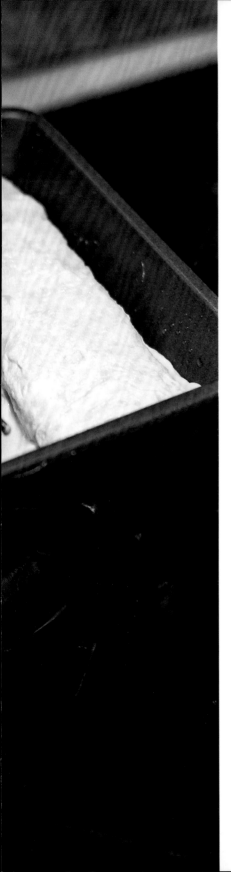

高汤蛋卷的关键是什么？

其实是速度。

做蛋卷动作不能太慢，火不能太小，若是煎的时间太长，蛋都老了，所以务必要动作轻柔快速，趁着蛋七分熟的时候就把它卷起来。我觉得大家做不好日式蛋卷，问题不在于技术，而在于没有信心，越是害怕就卷得越慢，蛋就越老，甚至变成蛋皮卷。

很多人把高汤蛋卷跟玉子烧搞混了，其实它们是不同的菜。最大的差异在于，高汤蛋卷加了日式高汤，口感软嫩绵密，一咬下去汤汁就流了出来，因此高汤的风味决定了蛋卷的味道，必须趁热享用。玉子烧则没有加高汤，或只加一点点，以盐、糖调味，最多再补一些淡酱油，口感比高汤蛋卷稍硬，一般在日本铁路便当或日本妈妈的爱心便当里会看到的，冷食也好吃。

添加高汤的蛋汁较稀，所以不大好煎，翻面时一不小心就破了；而且高汤蛋卷的调味很单纯，只有蛋、高汤、盐和一点淡酱油，是道吃原味的菜。因此火候好不好、蛋好不好、高汤好不好，一口见真章。

地狱烤蛋

心情不好的时候，常常会不自觉想吃油炸食物或淀粉吧？我也是。

这道烤蛋可以让大家用比较健康的方式吃淀粉。你说这不是蛋跟红酱吗，哪来的淀粉？傻孩子，吃烤蛋当然要拿面包好好蘸着大口吃啊，半熟蛋跟所有淀粉都搭，保证你一口接一口停不下来，一回神半条法国面包就不见了。

所以说，比较健康的方式还是很重要的。

〈材料〉

基础番茄酱汁…50 毫升

蛋…1 个

西班牙红椒粉…适量

盐…适量

胡椒…适量

现磨的帕马森干酪…适量

欧芹…1 小把，切末

法国面包…2 ～ 3 片

〈做法〉

1. 在烤盅里抹满黄油（分量外），烤箱预热到 180～190℃。

2. 基础番茄酱汁（见 P115）加热至微滚，以盐、胡椒调味，并加入西班牙红椒粉，调整成自己喜欢的口味。

3. 在烤盅里铺上调好味的番茄酱汁，在中间挖一个凹洞，打入一个蛋（可多加一个步骤：将蛋白过滤掉，只保留蛋白较浓稠的部分，因为蛋白不易完整凝结，为了等蛋白凝结，蛋黄反而会过熟），有必要的话，再补上一点番茄酱汁，送进烤箱烤10～12 分，或烤到蛋白凝结即可，蛋黄不必全熟。

4. 上桌前，现磨帕马森干酪，撒一点欧芹，用法国面包蘸着享用。

基础番茄酱汁怎么做？

〈材料〉

全熟番茄…4 个

大蒜…数瓣，切成片

橄榄油…适量

〈做法〉

1. 番茄去皮，切大块。

2. 在锅中倒入适量橄榄油，放入蒜片，待香味逼出后，放入去皮
   番茄块，以小火慢煮 20 ～ 30 分钟，煮到番茄全化开即可。

3. 如果不确定番茄酱汁之后要煮什么料理，也可不要加橄榄油
   与蒜片，让风味保持单纯，之后要煮中式或西式皆可。

汤豆腐

汤豆腐是一种风情，一种急不得的风情。

汤豆腐的汤清澈如水，除了一片昆布外别无他物，用海味带出大豆的甘甜，含蓄低调。要能享受这样的风情，得有耐心，也要静心，豆腐细嫩如婴儿的脸颊，捞起时必须轻手轻脚，才不致于让豆腐有了压痕或散了一地。

蘸酱也要讲究，绝对要用品质极好的酱油或酸橘醋，葱花、姜泥、鲣鱼片都要切细，太粗就俗气了。

心烦时不如吃个豆腐吧，让情绪缓和，用淡薄的滋味安定身心。

〈材料〉

嫩豆腐…1 块

昆布…1 片

※ 蘸酱

淡酱油…1 大匙

酸橘醋酱油…1 大匙

细切葱花…适量

细的鲣鱼片…适量

白芝麻…少许

〈做法〉

1. 准备一个可直接上桌的小锅，比如土锅或日式小铁锅，放半锅清水与一片昆布，以中火煮。

2. 煮到将滚时，放入切块的豆腐，转小火，豆腐热了就可以捞起来，蘸酱享用。

《小贴士》

　　★煮豆腐最怕煮过头，所以宁可在桌上起一个小炉，像吃火锅那样边煮边吃，一次只下两块豆腐，也不要为了贪快省事，一次放太多块而把豆腐煮老。

　　★蘸酱很多元，昆布酱油、鲣鱼酱油、酸橘醋都很适合，不想蘸酱的时候，撒一点细海盐或藻盐，也很棒。

酱烧牡蛎

　　我喜欢牡蛎，特别是日本牡蛎，反而没那么爱法国生蚝。欧洲人觉得日本人把鲜美的生蚝煮熟或炸熟来吃非常不可思议，浪费了它的新鲜质地，但日本人就是有办法把牡蛎做到熟透了也美味。

　　厚岸的牡蛎、备前的牡蛎、三陆的牡蛎，日本几大牡蛎产地，各有特色，其中我最爱三陆产的，个头略小，但是滋味实在，潮流交会为三陆海岸带来丰厚的海鲜，牡蛎尤甚。但说了这么多，我们能买到的还是冷冻的日本牡蛎，极少有新鲜货，而且产地选择很有限，所以能买到哪里产的，就吃哪里的吧。

　　这样的牡蛎无法生食，最好的方法是酱烧，能盖过微微的腥气又不失风味。

　　对自己好一点，如果你现在正因为职场不如意而沮丧，就告诉自己何苦呢，不如拿出冷冻牡蛎解冻，起锅烧一点酱汁，盛一盘华美的牡蛎，想想那大海的气息，想想那香醇的口感，就用蛋白质与胆固醇拯救自己吧。

....

〈材料〉

牡蛎…8 颗
无盐黄油…10 克
淡酱油…1 大匙
料酒…1 大匙
黄柠檬…1 块
紫苏叶…2 片

〈做法〉

1. 牡蛎洗净沥干。

2. 热锅，在平底锅中放入黄油，待黄油融化、大泡泡转为小泡泡即放入牡蛎。

3. 小心摇晃锅子，牡蛎的水分很多，加热时它会出水但也会慢慢缩水。待它水分蒸发后（表示滋味也浓缩了），先下料酒，再下淡酱油，摇一摇锅子收汁，并让牡蛎蘸上酱汁，熄火。装盘时，可铺上紫苏叶与黄柠檬。

冈本纯一｜椭圆皿

《小贴士》

★酱烧牡蛎上桌时，也可磨些胡椒、滴几滴橄榄油，附上切成丝的葱白与萝卜泥即完成。

土豆沙拉

　　这也是一道居酒屋经典，一入座就先点的那种小菜，有淀粉，所以能先垫垫胃，带点酸，又能更开胃。我很推荐各位家中冰箱也常备着一盒土豆沙拉，有的时候真心需要这种淀粉类的满足感。

　　每位日本妈妈都有自己的土豆沙拉配方，有的人完全不加酸，有的人用柠檬汁，有的人用醋，我也曾经在某本小说中看到女主角是用柚子酱油，其实没有一定，各有各的风味。

〈材料〉

土豆…2 小个

盐渍小黄瓜片…1 根

水煮蛋…1 个

胡萝卜…1/2 根

蛋黄酱…1.5 大匙

盐…少许

胡椒…少许

白醋或柠檬汁…数滴

〈做法〉

1. 土豆蒸熟剥皮，用叉子或压泥器压成泥，但保留一点点颗粒感。水煮蛋切块，小黄瓜片腌渍妥，胡萝卜蒸熟切小块。

2. 土豆泥加入盐、胡椒、蛋黄酱与白醋拌匀，再放入小黄瓜片、水煮蛋块和胡萝卜，拌妥即可。

盐渍小黄瓜怎么做?

　　小黄瓜切薄片,撒一层薄薄的盐,轻轻搓一
搓,静置 10 ～ 15 分钟,把水分挤掉即可。加在
沙拉里,日式白和或中式凉拌菜都适合。

土豆沙拉还能加入什么材料或调味料?

　　火腿片、玉米粒、洋葱丝或地瓜块都很适合
放入,如果喜欢重口味,也可加一些北非香料或
咖喱粉,稍做作变化。

餐前的一杯

我们没有餐前酒文化，是我一直觉得很可惜的事。

去年去了一趟巴黎，我们在玛莱区街边的小咖啡馆坐下，点了气泡水和阿佩罗苏打水（Aperol Soda，清凉的夏日饮料），然后，一边喝酒一边看路上的行人，看店里的人。那时是下午五点半多，一片祥和自在。

夜晚来临前的时光，铺排几样用牙签插着的小菜，两杯酒，我们看着彼此，享受柔和的天光。

　　这是很典型的欧洲咖啡馆，傍晚下班后，家人朋友聚在咖啡馆或小酒吧喝一杯餐前酒，有时是利口酒加气泡水，有时是香槟或气泡酒，有时是调酒，天气热时，也有人喝啤酒。有的店家会在你点了饮料后送上一点坚果花生米，如果是在意大利，还有各式各样的咸味小点可选择。别以为这是大人的专利，我偶尔也看过有小朋友在场，他们喝着汽水或苏打，跟坐在脚边的狗狗玩耍。

　　晚餐是七八点钟以后的事，或许回家用餐，或许再去其他餐厅，但无论如何都不影响六点钟喝一杯的兴致。重点不是酒或食物，而是相聚，以及那份闲适。没有赶着要去做什么，聊聊彼此的一天，讲讲八卦，讨论晚上球赛的赌盘，谈谈即将到来的周末计划，我觉得很美好。

　　我想是因为我们多半工作得晚，下班已是七八点，谁还有心情坐下来喝餐前酒呢？若是真的与朋友相约酒馆，通常也是吃晚餐，而不是喝一杯。

　　给自己一点空闲吧，只要半小时，斟一杯酒，在晚餐前慢慢喝一杯。

123

酱油渍蛋黄

蛋黄最是疗愈，而酱油渍蛋黄是对它的最高礼赞。

因为这是直球，完全以蛋黄决胜负。没有加入其他食材，虽然以酱油渍过，但如果蛋的质量不够好或不新鲜，就会有蛋腥味；又或者蛋鸡的养分不够，产下的蛋吃起来就不会那么浓郁。

要做这道菜，一定要买你能买到的质量最好的蛋，用你喜欢的酱油，口味稍浓没关系，好的蛋加上好酱油，剩下就交给时间的魔法。

〈材料〉

生蛋黄…2 个

酱油…3 大匙

味醂…1 大匙

七味粉…少许

〈做法〉

1. 小心地将蛋黄与蛋白分离开来，蛋白拿去做其他菜，保留蛋黄。

2. 混合酱油与味醂，将蛋黄泡进酱汁内，隔天可食。

3. 撒一点七味粉。

《小贴士》

★渍一天味道较淡，蛋黄还是液体状，可拿来拌饭、调酱汁或配冷豆腐；到了第二天略稠，第三天蛋黄会渐渐转为膏状，口感更硬，可以切片当下酒菜，很适合当餐前酒的小点心。

哪里买好蛋？

很多人问我，好的可生食鸡蛋要去哪里买？建议找有明确标出生产者、无毒、人工饲养的牧场，除非你很信任店家，不然尽量不要买散蛋。

开胃小塔

牛油果酱佐熏三文鱼／嫩蛋酒醋蘑菇

曾看过一本讲派对食物的英文食谱，大概有一半的篇幅在讲小点心，运用各种小饼干、小塔、小片的可丽饼、薄片面包当开胃菜的"容器"，里头的配料则是各国料理的经典搭配，与正式菜肴的差别只在于，都做成小小的一口的分量，放在可食用容器上，让人用手取食。

所以，做开胃小点时不用太设限食物，虽然这里只提供了两种食谱，但也可自己变化，展开想象力，想要的话，就算在小塔里放宫保鸡丁或日式炖菜也是可以的。

当家里来了一群朋友时，就很适合端出这种小塔，即使用手拿取也不用担心会弄脏手，凉了也好吃，更不用把大家限制在餐桌前。

牛油果酱佐熏三文鱼

〈材料〉

小塔…12 个

熏三文鱼…2 片

全熟牛油果…1/4 个

黄柠檬汁…适量

黄柠檬…1/4 个

盐、胡椒、欧芹…适量

〈做法〉

1. 黄柠檬切薄片，再轮切成扇形；熏三文鱼切成小片。

2. 牛油果去皮去核，切小丁块，加入黄柠檬汁、盐、胡椒与欧芹末，拌匀成牛油果酱。

3. 在小塔中依序铺上牛油果酱、黄柠檬片和三文鱼片。

嫩蛋酒醋蘑菇

〈材料〉

小塔…12 个

蛋…2 个

蘑菇…半盒

巴萨米克醋…适量

欧芹…1 小把，切成末

盐…适量

胡椒…适量

〈做法〉

1. 2 个蛋散打后，用平底锅炒嫩蛋，在蛋还没有完全凝固时就可关火，用余温让它熟即可，以免过熟口感太硬。

2. 蛋盛起后，再炒切片的蘑菇，蘑菇会出水，重点是一直炒不要停，把它出的水都炒干，再以盐、胡椒调味，最后加 1 小匙巴萨米克醋收汁即可。

3. 将炒好的嫩蛋与蘑菇放入塔中，最后以一小片欧芹装饰。

《小贴士》

★延伸吃法，提供几种不失败的组合给大家：

● 蛋沙拉（参考P138）＋虾仁（豪华一点就用明虾或龙虾切块）

● 金枪鱼酱＋生火腿

● 鳀鱼＋青辣椒＋橄榄

● 番茄、青椒、洋葱切碎末制成莎莎酱＋生食干贝或虾仁

（简易版的莎莎酱做法很简单，将等量的番茄、青椒与洋葱切细末，加入1：2的柠檬汁与橄榄油，及盐、黑胡椒拌匀即可。）

★小塔可以买现成的，开袋即用，很方便。也可用小圆饼干、小片的仙贝或切薄片的法棍代替。

奶油奶酪二部曲

海苔奶酪／奈良渍奶酪

这是某日福至心灵、随手做出来的开胃菜，没想到很惊艳。

那天刚好正打开日本买的老铺海苔"山本海苔"吃，原本只是单吃配酒，不晓得哪里来的灵感，我决定打开冰箱拿出奶油奶酪，抹了一大块在海苔上，我看着海苔顿了一下，决定再挖一点点柑橘果酱塞进去。

把海苔卷起，一口吃下，啊，就是了。海苔偏咸，但是与奶油奶酪居然天衣无缝地搭，两者在嘴里融出美好的滋味。

我马上喝下一口酒，这世上怎么能有这么像下酒菜的下酒菜呢。

海苔奶酪

〈材料〉

奶油奶酪…0.5 大匙

海苔…4 厘米 ×4 厘米，2 片

柑橘类果酱…0.5 小匙

〈做法〉

海苔剪成适口大小，在海苔上抹一层厚厚的奶油奶酪，再加一点点果酱，把另一片海苔盖上去即成。这道菜要马上吃，否则海苔很快就软了。

奈良渍奶酪

〈材料〉

奶油奶酪…1 大匙

奈良渍…1 片

〈做法〉

奈良渍切薄片，一样将奶油奶酪抹上海苔，视奈良渍的大小，看是要卷起来或再夹一片上去。

金本卓也 | 大和织部足付角皿

醋渍蔬菜

吃麦当劳或其他快餐时，我其实不大爱吃汉堡里的酸黄瓜，总觉得它们的酸混合了奇怪的香料味，因此每次都挑掉。

不过我倒是喜欢自制酸黄瓜，自己做所以能控制加进去的香料都是自己喜欢的味道，而且也没有防腐剂，比较安心。除了黄瓜外，我也腌制其他蔬菜，如小洋葱、四季豆、烤过的菇类、西芹、胡萝卜或菜花，冰箱里随时有一罐，吃较油腻的炖菜或肉都能拿出来搭配。

〈材料〉

小黄瓜…1～2 根　　　　　　　水…180 毫升

栗子南瓜…2～3 片　　　　　　盐…少许

玉米笋…4～5 根　　　　　　　白砂糖…6 大匙

胡萝卜…1/3 根　　　　　　　　干辣椒…少许

芦笋…4～5 根　　　　　　　　整粒黑胡椒…10 颗

高粱醋…120 毫升　　　　　　　月桂叶…1 片

〈做法〉

1. 将小黄瓜轮切 1.5 厘米，南瓜、胡萝卜切片，玉米笋对切，芦笋切 3 段。

2. 在锅中倒入醋、水和所有香料与调味料（白砂糖、干辣椒、整粒黑胡椒、月桂叶、盐），煮滚。

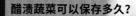

醋渍蔬菜可以保存多久?

　　我觉得腌满一星期左右最好吃,在冰箱里可以保存一个月,只是放久了会不脆,建议还是趁新鲜吃。

醋水比例如何抓?

　　我通常会用醋和水的比例 2∶3 来做,但如果想要更酸一点,也可以用 1∶1 的比例来做,如果不要那么酸,可多加一点糖或降低醋的比例。

3. 将所有蔬菜装进密封罐内仔细排整齐,趁热倒入煮好的香料醋水,液体要全部淹过蔬菜,加盖倒放。
4. 冷藏 3 天入味即可。

鳀鱼橄榄串

在西班牙巴斯克地区旅行时，每家酒吧都有这道下酒菜，如果哪家酒吧没有，老板大概不是西班牙人。

很多国家都产鳀鱼，意大利、法国、葡萄牙或西班牙都有，他们都有各自强大的罐头产业，能在短时间内趁新鲜将鳀鱼加工做成油渍、盐渍或醋渍鳀鱼。西班牙北部也不例外，鳀鱼算是那里海产的大宗之一，非常肥美，特别是用油醋腌渍的白鳀鱼，在酒吧里人手一串。

鳀鱼无论如何还是有点腥味，意大利通常是用大量的盐腌渍后，再浸泡橄榄油装瓶或装罐头，所以带咸味，通常不会单吃，而是拿来做菜，比如意大利面、调沙拉酱或炖煮时用。但白鳀鱼腥味淡，肉质细，用油醋渍过即可单吃，多数的做法就是与橄榄串或醋渍青辣椒串在一起。

现在超市几乎都买得到质量很好的油醋渍鳀鱼，不如也来试试吧。

〈材料〉
油醋渍鳀鱼…数片
橄榄…每只鳀鱼配 2 颗
〈做法〉
以牙签或竹扦将鳀鱼与橄榄串起即可。

7

相聚的一杯

我喜欢在家请客。

我很享受与朋友聊天、谈笑、喝酒吃小菜的氛围，更喜欢替所有人斟满酒杯。在家请客与在外面吃饭不一样，虽然要煮一桌子菜出来，也得上市场备料，事后还要收拾整理，听起来很麻烦，但对我这个挑嘴又讲究多的人来说，还是优点多过缺点，至少不必忍受烦琐的桌边服务和一些质感

在家宴客，有时贪恋的倒不是那桌食物，或酒，而是那股自在的氛围，与自在的对话。

不佳的餐具。

对朋友来说，或许也比较轻松。来家里的都是很熟的老朋友了，所以往往能够很自在。比如中场时，朋友喝了酒有点微醺，突然起身扶着头说："不好意思你家沙发借我躺一下……"话未落定人已经躺定了。也有朋友一面与我们谈笑，一面走到橱柜边拿起威士忌给自己添酒，再顺手开了冰箱拿冰块。大家果真都没跟我客气，完全把我家当自己家。

但我喜欢这样。这些年来因为在外面吃饭太方便，餐厅竞争激烈，各种宣传和活动吸引客人，再加上现代人生活忙碌，上市场与做菜都是件奢侈的事，大家已渐渐不在家请客了。

其实在家请客并没有想象中难，做几道大菜（不是指多费功多细腻的菜，而是分量多，摆起来漂亮，丰富，大气），挑几支酒，准备心爱的餐具酒杯，在屋内插几盆花，只要这样就跨出在家请客的第一步了。

不如这个周末就约几个朋友到你家吃饭吧。

比才版蛋沙拉三明治

　　日本的老喫茶店或咖啡馆若有提供三明治，大概都会有蛋沙拉三明治或是厚蛋三明治，这两者都是我常点的，但其实它们都能在家自制。

　　蛋沙拉即使不做成三明治，单吃也很好，我的版本除了一般的蛋与蛋黄酱外，多加了日式酱菜。我最推荐的是加日式萝卜干，其他如福神渍或其他有加紫苏的酱菜也都适合，紫苏香气非常迷人。蛋黄酱是很神奇的酱料，有时吃多会腻，但却与腌渍物的咸酸发酵味非常搭，渍物中和了蛋黄酱的甜与奶味。

　　这样的蛋沙拉百吃不厌，当一群朋友来家里喝下午酒的时候，很适合做这道三明治，既能在喝酒前垫垫肚子又能开胃。

〈材料〉

薄片吐司…2 片

水煮蛋…2 个

蛋黄酱…适量

日式酱菜（腌萝卜、福神渍或紫苏酱菜）…适量，切碎

盐…适量

胡椒…适量

〈做法〉

1. 水煮蛋切碎，加入蛋黄酱、盐、胡椒与酱菜，混合均匀成蛋沙拉抹酱。
2. 将上述抹酱涂在吐司片上，夹起，切 4 块即成。

《小贴士》

　　★关于下午酒的搭配，我喜欢蛋沙拉三明治搭清爽的白酒、粉红酒或香槟，几款经典的开胃酒如阿佩罗苏打（Aperol Soda）、基尔酒（Kir）也适合。

意大利水煮鱼

意大利水煮鱼原本是意大利南部的渔夫料理，渔夫将当天的渔获和小番茄、橄榄油放入水中同煮，不需要高汤，因为光是海鲜与番茄就提供了基本的汤底。

随着时间的推移，这道菜经过历史的沉淀，在世界各地有了很多不同的变化版本，也更精致化，比如多加了酸豆或橄榄，更丰盛的版本还加了蛤蜊，水也换成高汤增加鲜度，当然多加一点蔬菜进去也是可以的，每个人都能有属于自己版本的意大利水煮鱼。煮出来的汤汁当然不要浪费，蘸面包非常棒，拌意大利面更好。

当有朋友问我宴客菜单的建议时，我通常都会推荐这道，一来整条鱼总是体面，二来这道菜完全不需要煎鱼技术，一锅到底，新手也能上手。

〈材料〉

白肉鱼…1 条

鸡高汤或日式昆布高汤…250 毫升

白酒…少许

洋葱…1/2 个，切末

大蒜…1 瓣，切片

半干小番茄…15 ~ 20 颗

酸豆…1 大匙

橄榄…约 10 颗

欧芹…1 小把

盐…适量

黑胡椒…适量

〈做法〉

1. 在白肉鱼的两面均匀撒上盐。

2. 洋葱切末，大蒜拍开。

3. 在一个有盖的深锅（要放得下整条鱼）里炒洋葱跟蒜片，炒到软化、带点透明后，加入酸豆、半干小番茄（做法参考 P103）、橄榄续炒，再倒入白酒。

4. 待酒蒸发掉后倒入鸡高汤，煮滚，把抹好盐的鱼平放进锅中，加盖用中小火煮5~6

分钟，也可以用汤匙舀起汤汁，淋在鱼上，让上层的鱼肉也能吸到汤汁，并加速煮熟，直到鱼肉也能刺穿为止。

5. 试一下汤汁的味道，如果不够咸就补一点盐，上桌前再撒一把切成末的欧芹与黑胡椒。

《小贴士》

★白肉鱼的选择很多，我最常用赤鯮、长尾鱼，但除此之外，马头鱼、金目鲷、黑毛、黑喉、金线鱼都非常适合，重点在于用鱼肉质地细、刺少、没腥味的鱼。

★此道食谱也可以加入200克的蛤蜊，增加鲜味。

香料烤鸡翅

北非香料／意式香料与香醋

　　说到鸡翅，大家是不是马上联想到美式餐厅呢？或是派对食物？

　　比起美式餐厅必备的辣鸡翅，我更喜欢用大量香料腌渍的香料鸡翅。只要提早一个晚上花 5 分钟腌渍冷藏，隔天就能直接送进烤箱烤到酥酥焦焦。就算是人多的场合，一口气烤个 20 个鸡翅，也绝对不会比烤 4 个累，因为都是一次工，派对食物无误。

北非香料

〈材料〉

鸡翅…4 个

柑橘类果酱…1 大匙

北非香料…适量

西班牙红椒粉…适量

盐…适量

黑胡椒…适量

橄榄油…适量

意式香料与香醋

〈材料〉

鸡翅…4 个

意大利综合香料…适量

巴萨米克醋…1 大匙

盐…适量

黑胡椒…适量

橄榄油…适量

香料有哪些选择?

超市有很多罐装香料,不少品牌都有设计事先混合好的综合香料,各自有不同风味,选购的时候偶尔可以大胆一些,不用太担心该怎么用或可能会不习惯,烤鸡、烤猪排、煮虾,各式炖菜都可加加看,找出你喜欢的味道。

罐装香料的口味很多样,我特别推荐北非风的综合香料,是类似咖喱的味道,适合烤鸡肉;意大利香料或有带鼠尾草的香料很适合炖猪肉。多试试,你会爱上香料的。

〈做法〉

1. 不同香料的鸡翅分别以各自的调味料、香料按摩、腌渍一整晚。

2. 送进 200℃烤箱烤 20 分钟左右,将牙签或针叉入没有血水流出即可。

啤酒炖肋排

这真的是一道性价比很高的菜，大家都应该学会。

我是从烹饪杂志上学到这道菜，再稍加调整成我的版本，与土豆泥或烤薯块都很搭。需要的材料很少，只有猪肋排、啤酒和洋葱，花的力气和工夫也少，全程只需要煎猪肋排，加啤酒送进烤箱就行，但却有事半功倍的效果。

我很推荐在宴客时做这道猪肋排，可以前一天先做好，当天只需要拿出来加热，就能轻松赚到一桌朋友的赞许。

〈材料〉

猪肋排…400 克

洋葱…1 个

啤酒…350 毫升

月桂叶…1 片

盐…适量

胡椒…适量

西班牙红椒粉…适量

雪莉酒醋（或其他酒醋）…1 小匙

黄油…10 克

〈做法〉

1. 准备一个放得下所有肋排、也可以进烤箱的锅子，铸铁锅为佳。烤箱预热至 130℃。

2. 猪肋排调味，撒盐、胡椒，每一面都要撒到。洋葱切丝。

3. 热锅，将猪肋排的每面都煎到微焦。一次不要煎太多块，否则锅中温度会降低。煎好取出备用。

4. 同一锅炒洋葱丝至金黄色，铺平于锅底，肋排放回（不能重叠），倒入啤酒。

5. 以中大火煮滚，捞掉浮泡，放 1 片月桂叶，以盐、胡椒调味，也可加一点西班牙
   红椒粉，再添 1 小匙雪莉酒醋来平衡洋葱的甜。调味不用调到足，因为炖烤后水
   分蒸发，会越来越咸。

6. 调好味加盖，送进烤箱中烤 2 个小时，烤到骨肉能轻易分离为止。放凉，冰箱静
   置一晚入味。

7. 隔天从冰箱拿出来后，酱汁应该是凝结状的，先加热化开酱汁、肋排热透后，取
   出装盘；酱汁滤出，继续加热浓缩。收汁到只剩 1/3 左右、很浓稠时，放入黄油
   慢慢融化，煮到滑亮呈深咖啡色。

8. 如果怕肋排凉了，可回酱汁锅中翻滚几下，再装盘、淋酱、上桌。

西式炖菜的秘诀

炖菜在各方面来说，不论是西式、中式或日式，其实都是异曲同工。材料互通，肉类、根茎蔬菜，只差在调味的风味，用酱油、味噌就偏东方口味一些，用芥末、红酒醋、香草，就偏西方口味一些，没有什么绝对，当然也可以有中间值。我常常在西式炖菜里加一点点酱油，增加一点发酵品的风味，其实就是取这两者中间。

炖菜是冬天的必备，而且方便好做，第一步先煎香或炒过材料，让它的表面呈金黄色，一来锁住水分，二来煎出来的焦香是风味的来源。接着加进液体，可以是清水、高汤，也可以是酒，然后调味，煮滚捞浮泡后就转小火慢炖，或送进烤箱以低温慢烤，1～2小时后就是一锅香喷喷的炖肉了。

所有的菜都是这样，只要把握这几个步骤，做出来的炖菜都个会差到哪里去。你可以用同样的方法红烧牛肉、烧猪脚、炖奶油白酒鸡、炖牛尾、羊腿和内脏，统统适用。

鸡肉丸子蛤蜊雪见锅

冬天吃锅，锅里怎么能没有一些白胖圆滚的丸子呢？

我喜欢口感松松的丸子胜过扎实口感的，又不是吃贡丸，当然要有空气感呀。能做出这种口感的重点在于蛋白，有的做法只加蛋黄不加蛋白，因为怕成品太软不易成形，但我反而认为加了蛋白，再快速搅打后才能有这种一口咬下去的松软。

我总是一次多做一点冷冻起来，吃火锅时可以加，平时煮汤也可放几颗增加肉香，我也试过红烧，做成甜甜咸咸的照烧口味，也适合放进便当里。

而说到鸡肉丸子锅，我最喜欢加的配料就是白萝卜泥，让它的自然甘甜煮进汤头里，美味极了。

〈材料〉

※ 鸡肉丸子

去骨鸡腿肉…1 根

葱花…1 把（也可用绿紫苏，切丝）

淡酱油…0.5 大匙

料酒…0.5 大匙

盐…适量

蛋…1 个

水淀粉…适量

※ 雪见锅本体

蛤蜊…300 克

日式高汤或鸡高汤…1 锅

白萝卜泥…1/3 根

白萝卜…1/2 根

大白菜…100 克

葱花…少许

什么是雪见锅？

　　所谓"雪见"，指的是加入大量磨
细的白萝卜泥或芜青的锅物，因为萝
卜泥看起来就像白雪一般，又细又软。
而雪见锅的材料通常不能多，主菜一
到二样，副菜最多也是两样就好，用
小土锅煮，边喝日本酒边享用，别有
赏雪的风情。

〈做法〉

※ 鸡肉丸子

1. 先做肉丸子。建议用鸡腿肉，去皮去骨后再切块，以食物料理机打成泥，如果家
里没有食物料理机，可以购买时绞好，或直接买鸡肉馅。但买的鸡肉馅通常比较
干，最好加一点猪肉馅增加油脂。

2. 打成粗泥后，加入葱花（或紫苏），以料酒、淡酱油及盐调味，最后再加蛋续打。
最后加一点水淀粉让丸子比较不会散开。

3. 烧一锅水，以两只汤匙做出丸子，将它们先烫至半熟或定形。

※ 雪见锅

1. 准备一锅高汤，可以用日式高汤、鸡高汤或混用皆可，以盐及淡酱油略微调味（分量外）。

2. 放入一半的白萝卜泥、大白菜、白萝卜先煮（如果想增加食材丰富，也可放入日式木绵豆腐和喜欢的菇类），煮到白菜软化，再放入烫好的鸡肉丸、蛤蜊，等蛤蜊打开后，最后再放入另一半的白萝卜泥。

酒香番茄橄榄蛤蜊

　　蛤蜊个性好，对于自己被煮成什么口味几乎都没意见，所以我只要在市场看到新鲜肥美的蛤蜊，八成会买，回到家再慢慢想要做成什么料理。

　　白酒蛤蜊是意大利面的常客，我每次吃都是双手并用地吸干蛤蜊汤汁，非常幸福。当然不加面单吃也行，我在白酒蛤蜊的基础上，另外多添了一点风味——烤番茄。如果手边刚好有油渍西红柿也很好，能煮出更浓郁的酱汁。

〈材料〉

蛤蜊…500 克

大蒜…1 瓣，切片

小番茄…10 个，对切

橄榄…8 颗，对切

黄柠檬…1 块

白酒或料理酒…2 大匙

欧芹…1 小把

胡椒…适量

〈做法〉

1. 烤箱预热至 180℃。

2. 准备一个可进烤箱的平底锅，热锅，用一点油逼出大蒜的香气。

3. 把橄榄和番茄的切面朝下放入锅中，送进烤箱烤到番茄软化出水，需 10～12 分钟。从烤箱取出放入蛤蜊与白酒，再送回烤箱烤到所有蛤蜊皆开口，拿出来拌一拌，让番茄与蛤蜊充分混合。

4. 至于调味则是视情况，野生蛤蜊吃海水，本身就咸，就不放盐了，试味道，磨点胡椒增香，最后撒欧芹末、挤一点黄柠檬汁也很棒。

《小贴士》

　　★这道菜也可以不进烤箱，直接在炉火上完成。做法是先爆香大蒜，加入番茄（或油渍番茄），先炒香后再加入蛤蜊、白酒，煮至蛤蜊开口即可。若想多加点其他材料，就在放蛤蜊前加入一起炒。

　　★酒香番茄蛤蜊还能加什么材料？不用太局限，如果想增加分量，可加入西蓝花、栉瓜、芦笋、蘑菇等；想要多一点滋味，也可以在大蒜爆香后，放入培根或西班牙味香肠（chorizo）爆香，后者绝对是惊喜，酱汁会让你用面包蘸个不停。

8

蔬食的一杯

　　前阵子看了网飞公司（Netflix）的节目《主厨的餐桌》（Chef's Table，法国篇），其中一集是三星主厨阿兰·巴萨尔（Alain Passard），他在多年前开始改变餐厅菜单，改为提供以蔬食为主的套餐，餐点大部分是蔬菜，只有少量的白肉、贝类与比目鱼。虽然我也是红肉爱好者，但这

切几块蔬菜，抹点盐，搓搓揉揉，

统统密实地塞进玻璃罐里，

像魔法罐似的，

一天后，就变成一罐满满的美味。

样的套餐，还是让我非常心动。蔬菜是可持续的，而且只要是在无毒、有机的土地上种植，相对于肉类，是安全又对环境友好的食物。

有的时候我会想做一整桌的蔬食，不是素食，而是以蔬菜为主的餐点。出发点倒不见得那么伟大，但确实身体偶尔会非常渴望蔬菜，而不是肉。挤了柠檬汁的烤根茎蔬菜、加了水煮蛋跟坚果的沙拉、昆布蔬菜汤、玉米泥、水煮芦笋配自制蛋黄酱等。这种时候，我完全不使用红肉，高汤也会改为昆布高汤或蔬菜高汤，让身体清爽一些。

但即便是这种吃蔬食的日子，还是不能没有酒。我从来没有担心过蔬菜清淡、与酒不搭的问题，因为经过适当的调味与引味，蔬菜也能有滋有味。干燥香料、发酵食、蛋，都能为蔬菜增加风味，这一篇里的几道菜，都能发挥各蔬菜的特色，在搭酒上，则可以挑选清爽的白酒、粉红酒或清香系的吟酿。

月见蕈菇

这是一道 19 欧的菜。

怎么说呢？去年夏天在西班牙巴斯克的美食之都圣塞巴斯蒂安旅行，在一家连安东尼 · 波登（Anthony Bourdain）都造访多次的当地名店吃到这道菜。材料非常简单，只有几种野菇与一个生蛋黄，但滋味岂止万千，好吃得不得了，小小一盘，19 欧元。

回家后一直念念不忘那盘 19 欧元的味道，很想再吃一次，于是试着做做看，其实并不难。只可惜买不到那家餐厅使用的牛肝菌和鸡油菌，只能用其他菇类代替，味道不尽相同，但还是很棒。在巴斯克地区，通常都会搭配当地特产的白葡萄酒查克里（Txakoli），这种酒偏酸，有很细密的气泡，与当地盛产的海鲜或特产都很搭，但不容易买到，可以用白酒或粉红酒来代替。

....

〈材料〉

菇类…300 克

（香菇、松茸、蟹味菇、小杏鲍菇、干燥的牛肝菌或鸡油菌皆可，混合 2 ～ 3 种）

大蒜…1 瓣

欧芹…1 小把

蛋黄…1 个

盐…适量

胡椒…适量

料酒…1 大匙

巴萨米克醋…0.5 大匙

淡酱油…0.5 大匙

〈做法〉

1. 菇类切片，大蒜拍开，欧芹切碎末。

2. 热锅，先将大蒜逼出香气，然后取出丢弃。放入所有菇类拌炒，菇开始软化时，
   加入料酒，待酒气稍微蒸发，再以盐、胡椒、巴萨米克醋和淡酱油调味，炒透后
   起锅。

3. 将菇平铺在盘中，撒上欧芹，然后在菇的正中央挖个凹槽，把生蛋黄放上去即可
   上桌。

生蛋黄是一种酱料？

蛋黄在很多时候，是被当成酱料的一种，特别是生蛋黄或半熟蛋黄。著名的里昂沙拉里头加了水波蛋，就是为了与沙拉酱结合成更浓郁的酱汁；日式寿喜烧或串烤的烤鸡肉丸，蘸酱都是生蛋黄，因为它们本身的酱汁都偏甜，蛋黄刚好提供味觉的平衡和口感的转化。

在这里也是一样的道理，把蛋划开与炒菇拌在一起，用面包蘸着吃，有谁不爱呢？

西式料理为什么要加酱油？

其实我做很多西式料理时，还是会偷偷加一点东方的调味料，通常是酱油，有的时候则是味噌或味醂，甚至是豆腐乳或日式梅干。它们都有个共同点，即发酵食品。有时做西式的菜觉得味道有点单薄，少了点什么，这种时候的第一个选项是加一点醋，不然就是加一些发酵食品，可以增加味道的厚度和层次。西式的材料如鳀鱼、酸豆、橄榄也是同样道理，借着这些由"时间"酿造出来的元素，替料理增加时间的风味。

所以不仅是炒菜，炖煮料理如意式肉酱、白酱炖鸡等，我都会加一小匙酱油，比例上不多，单吃成品也绝对吃不到酱油味，但很神奇的，味道就会变丰富。

咖喱柠檬烤菜花

这绝对是正统的下酒菜，而且香气不输红肉。

咖喱的香气让人开胃，重口味更是非常搭酒，我甚至觉得咖喱运用在各种不同的材料上，成品都好过煮成日式咖喱饭，所以我家里常备不同款式的咖喱粉，但从来没有备过煮咖喱饭用的咖喱块。

这里用的是菜花，但其实很多蔬菜都可以加入，如各式菇类、节瓜、洋葱等。

〈材料〉

菜花…1/2 棵，切成小朵

欧芹…1 小把，切末

黄柠檬…1/4 个，挤汁

盐…适量

胡椒…适量

咖喱粉…1 大匙

橄榄油…适量

〈做法〉

1. 烤箱预热到 170℃。

2. 将切成小朵的菜花铺在烤盘上，尽量不重叠，撒盐、胡椒、咖喱粉，并淋上一些橄榄油。送进烤箱烤 15 分钟左右，或是烤到菜花的边缘微焦。

3. 将烤好的菜花装入容器内，挤点黄柠檬汁，混拌均匀。

4. 如果要吃凉的，就放凉后进冰箱冷藏，要吃的时候再拿出来，拌入切成末的欧芹，试试味道，决定需不需要再补一点黄柠檬汁或盐；如果要吃热的，就直接拌入欧芹即可。

梅香金针菇

这是一道下饭菜，也是下酒菜。

不知道大家有没有吃过一种日本罐装金针菇，金针菇切小段，煮成咸咸甜甜的"佃煮"？这道菜就是它的梅子变化版。

金针菇的味道在菇类中说不上浓，所以可以用各种不同的酱料炖煮，煮出自己喜欢的味道。梅子味是我很常做的炖菜口味，不论是煮鱼、煮根茎蔬菜或菇类，我常常会加一颗梅子，它的酸度温和不刺激，能为炖煮增加清爽感。

〈材料〉

金针菇…1 包

日式梅干…2 ～ 3 颗

日式高汤…100 毫升

淡酱油…2 大匙

料酒…1 大匙

味酥…1 大匙

〈做法〉

1. 金针菇切成 1.5 ～ 2 厘米的小段，日式梅干去核，压成细泥，梅子核别丢，等下会用到。

2. 准备一个有深度的锅，热锅下油，投入金针菇，迅速炒开。

3. 持续以中小火拌炒并加入调味料：先加料酒，稍微蒸发后，再加味酥和淡酱油，以及梅子泥、梅子核和日式高汤。转小火煮 10 ～ 15 分钟，把酱汁收干就可以熄火，梅子核挑出丢弃。

《小贴士》

　★放凉后装进密封容器内冷藏，可保存三四天。

　★除了下酒外，这道小菜很适合配白饭或稀饭，放在冷豆腐上或拌冷乌龙面，冰冰凉凉的，大热天仍旧好入口。

荒木义隆｜安南七寸皿

鲣鱼片拌秋葵

　　秋葵据说是很好种的植物，怎么种怎么长，怎样的环境都能活下来，所以我偶尔会收到朋友或亲戚家里自己种的秋葵。

　　一般吃法是烫熟后蘸酱油膏，但吃多了总是想换口味做点变化呀，所以试过很多种做法。其中，拌鲣鱼片是我试过多次后觉得最好吃的，非常简单，5分钟就能完成。家里的食材柜随时备着小包装、切细片的鲣鱼片，做各种日式拌菜都方便。

〈材料〉

秋葵…约 12 根

日式高汤酱油…1 大匙

酸橘醋…1/2 大匙

鲣鱼片…小包 1 包

盐…适量（烫秋葵用）

芝麻…适量

〈做法〉

1. 烧一锅水，煮滚后再放盐，把秋葵烫熟，烫 50～60 秒。

2. 烫好的秋葵切斜刀，一切为二，与日式高汤酱油、酸橘醋及鲣鱼片一起拌匀，撒上芝麻即可。

番茄洋葱泥沙拉

　　每到春天新洋葱上市时，就是生食洋葱的季节。

　　这个季节的洋葱，多了一点温润回甘，少了带苦味的辛辣，这种洋葱最适合生吃了。前面的食谱介绍过以洋葱丝搭配金枪鱼罐头或鳕鱼肝的吃法（参考 P078），这里则是将洋葱磨成泥后，把它当成酱汁的一部分，与番茄拌在一起。

　　除了拌番茄外，也可以拌海鲜。

〈材料〉

全熟的番茄…1 个

洋葱…1/4 个，磨泥

紫苏…2 片，切细丝或细末

淡酱油…1.5 大匙

糖…1 大匙

香油…数滴

盐…少许

〈做法〉

1. 准备洋葱泥，并调和所有调味料（淡酱油、糖、香油、盐），拌匀，待糖化开后倒入洋葱泥中。

2. 番茄切大块，拌入调好的洋葱酱汁即可，撒上切细的紫苏叶，上桌。

《小贴士》

　　★尽量挑选味道比较温和的洋葱，这样不至于太呛辣，最适合的品种是春天刚上市的洋葱，或是北海道洋葱、淡路岛洋葱（进口超市买得到）。如果已买不到合适季节的洋葱，可改用白萝卜泥，口感与风味不同，但是一样美味。

帕马森奶酪烤蔬菜

　　能把蔬菜的滋味提升到神妙境界的烹调法，我觉得是烤，烤蔬菜能把多余的水分去除，只保留它的香甜，还能增加表面的香气。如果能炭烤当然最棒，想想中秋烤肉时，架上那些微微焦黑的香菇跟玉米笋，多美味。只可惜家中日常煮食，通常不会包括炭烤食物，只能改用烤箱进行。

　　我烤过各种蔬菜，想要多吃一点蔬菜的深夜，它们是绝佳的酒肴，趁着蔬菜在烤箱中的时间，还能先快速冲个澡、准备倒酒。只要把蔬菜切一切、排一排，送进烤箱，就能去忙其他的事，所以也是很棒的平日晚餐配角。

〈材料〉

栗子南瓜…1/6 个

玉米笋…8 根

帕马森奶酪…1 块

橄榄油…适量（让所有材料都能沾上一层油的分量）

盐　适量

黑胡椒…适量

喜欢的新鲜香料末或干燥香料…适量

黄柠檬…1 块

〈做法〉

1. 预热烤箱至 180℃，栗子南瓜切薄片，玉米笋若较大则纵向对切。

2. 在烤盘内放入玉米笋及栗子南瓜，撒盐、黑胡椒、香料及橄榄油，将之混合均匀，确认所有材料都蘸上橄榄油及调味料，不重叠铺平，在上面磨一层帕马森奶酪，

送进烤箱，烤 15～20
分左右或至所有食材
皆熟透。

3. 上桌前再磨一点点帕
马森奶酪，挤一点黄
柠檬汁再享用。

还可以烤什么蔬菜？

许多蔬菜都适合，如节瓜（切片）、土豆或地瓜（切片）、菜花（切小朵）、番茄（对切），重点是要把材料切成差不多的大小或厚度，这样烤的时间才不会相差太多。

其他调味变化？

新鲜的香料可以用欧芹、百里香或罗勒，它们的香气清新又不会太重，不会抢蔬菜的本味；干燥的香料也可用以上几种香草的干燥碎末，或超市很容易买到的意大利综合香料或西班牙综合香料，但即使都不加也没问题。

除了搭配一点现挤柠檬汁，也可以淋一点巴萨米克醋，它不只是酸，还能补一点甜味。这样做的烤蔬菜，也可与生菜拌一拌，变成丰富的沙拉。

家常菜也可以是下酒菜

　　大家对下酒菜的印象常常停留在西式或日式的精致小菜，配红白酒或日本酒，再不然就是配啤酒的热炒、卤味与咸酥鸡吧。

　　我一定要颠覆这个印象，这本书就是为了这个目的而生的。

　　前面说过，单纯的蔬菜或甜点，甚至一碗干拌面都能配酒。在我的概

走进常去的小吃店，

点几样小菜与热炒，打开提袋拎出一瓶冰镇的黑皮

诺葡萄酒（*Pinot Noir*）再拿出自备的酒杯，

无视周遭的眼光，开喝。

念中，这世上没有不能下酒的食物，更何况我们这篇要说的是家常菜，更精确点地说，面店或餐厅会有的几样家常小菜。这几道菜，平常大多是配饭、配面的，或是在正餐上来前，打发时间垫垫肚子的小菜，而这理由用在下酒菜上也毫不违和。

喝酒从来就不是为了吃饱，更多是为了享受喝酒本身，所以我们拿掉淀粉，把搭配的米饭或要打发的时间都换成酒吧。

甘醋渍黄瓜

如果问我最喜欢的蔬菜是什么？答案会是黄瓜，它绝对能排进我喜爱的蔬菜前三名。在外面吃饭时，在任何情况下，只要那家餐厅的小菜有黄瓜，我一定会点。其中我觉得做得最好的是鼎泰丰，它的麻辣黄瓜酸甜辣比例非常平衡，黄瓜爽脆又入味，非常优秀。

我研究了很久，甚至买了鼎泰丰的米醋及辣油，但还是做不出一模一样的味道，啊，鼎泰丰真是很厉害，我会为了想吃黄瓜而特别去一趟。

不过这个配方的成品也很不错噢，夏天时务必用它配冰啤酒。

〈材料〉

黄瓜…3 根，切成 0.5 厘米厚的片

大蒜…1 瓣，切片或拍开

高粱醋…2 大匙

白砂糖…2 大匙

辣油…1 小匙

淡酱油…1 大匙

盐…适量

〈做法〉

1. 黄瓜切片，先用盐杀出水分。

2. 大蒜拍开，加上黄瓜与所有调味料（高粱醋、白砂糖、辣油、淡酱油）一起拌匀，冷藏至少 1 小时入味即可。

《小贴士》

★调味没有绝对，糖跟醋大致上是 1∶1 的比例，但如果不喜欢太酸，醋就少一点，不吃辣就不要放辣油，很随兴的，重点是调出你喜欢的比例。

什么是杀青？

　　蔬菜用 2% ～ 3% 的盐稍微搓揉，静置出水后挤干，可去掉涩味与苦味，也因为去除多余水分而能保持口感清脆。

水野克俊｜白瓷小钵

凉拌烟熏腐皮

以凉拌菜的标准来看，这道菜算复杂了。

通常我会建议大家尽量减化步骤，可省略的步骤就不做，但以这道菜来说，没有什么是能省略的。蒜一定要先加热逼出香气，并与酱汁融合，再趁热浇入所有材料中，快速混拌均匀，热热的酱汁更容易沾附在材料上。

会做出这道菜纯粹是个意外。某日我买了烟熏腐皮，原本是为了卤肉时加入，可是那天却忘记解冻猪肉了，但腐皮已买，又无法久放，怎么办呢？刚好我腌了一些盐渍黄瓜准备当清口菜，不如就将它们凑在一起吧。虽然是凑合出来的菜，没想到却大受好评，我自己也非常喜欢，就此成为我家夏日经典了。

〈材料〉

烟熏腐皮…3 块

黄瓜…1 根

大蒜…2 瓣，切末

淡酱油…2 大匙

蔬菜油或葡萄籽油…2 大匙

盐…少许

辣油…少许

乌醋或白醋…1 大匙

糖…1 大匙

〈做法〉

1. 黄瓜切薄片，用盐杀出水分备用。

2. 烟熏腐皮切块。如果担心市场买回来直接吃不够卫生，可先快速烫 10 秒。

3. 在小锅中加入蔬菜油，下蒜末，以小火逼出香气，香气上来后，再加入其他所有调味料（淡酱油、辣油、乌醋、糖），拌匀烧滚。

4. 将黄瓜、烟熏腐皮放入大碗中，倒入上述的酱料混拌均匀，冷藏一晚入味。

青瓷绯色芙蓉手钵

《小贴士》

★若想口感更丰富，也可加入炒过的芹菜段、香菇丝与胡萝卜丝。这道菜在冰箱中可保存两天。腐皮若是买不到烟熏的，一般的也可以。

酱焖笋

这是笋季才拥有的奢侈。

在大部分的面店或中式小馆子都会吃到类似的菜，但几乎都是用笋丝做成，少见用新鲜春笋做的。当然了，春笋珍贵价高，大家似乎觉得最好的吃法就是沙拉笋切盘，其他做法都辜负食材。但是一般的沙拉笋总是附上沙拉酱或蛋黄酱，蘸了那么甜腻的酱料，还吃得到笋的清甜吗？

我也喜欢沙拉凉笋，但是我更常做这道菜，我觉得微微的酱味更能衬托出笋的甜香。

〈材料〉

竹笋…1 根，切片

大蒜…1 瓣

淡酱油…2 大匙

料酒…1 大匙

清水…2 大匙

辣豆瓣酱…1 小匙（可省略）

新鲜辣椒 1/2 根

〈做法〉

1. 竹笋切片，大蒜拍开。

2. 热锅下油，先爆香大蒜，待香气上来后放入笋片与辣椒，翻炒让所有材料都蘸到油，再沿锅边倒入料酒，待酒气蒸掉，最后倒入淡酱油及清水。

3. 煮滚后转小火，煮到收汁即可。

《小贴士》

★此道菜若是用生笋，要煮久一点。这道菜可热食也可冷食。

竹笋怎么挑？

第一要看笋身，如月牙弯弯的最好；第二看笋尖，看上去要软嫩微黄，不可转青，若是绿色就表示它老了，吃起来也比较苦；第三摸一下底部，触感细滑、不粗糙的为佳。

竹笋要怎样处理？

竹笋买回来一定要立刻处理，特别是春笋，每晚一分钟，鲜度就降一分，为了维持它的甜度跟新鲜得要赶紧煮熟。

在市场买竹笋时，老板常会问："要帮你去壳吗？"千万不要！请务必连壳一起带回家。去壳后的笋，少了外壳的保护，水分跟甜度很容易在煮的过程中流失。

至于煮的方式，有好几种建议，包括与米糠同煮，也可以与生米一同煮，都能去掉竹笋的涩味；但南方的春笋只要挑选得好，其实不大会涩口，我个人喜欢笋尖的微苦味，所以也不会特别去除它。

我习惯的做法是，放入电炖锅中，蒸好闷 5 分钟再取出放凉，带壳冷藏，尽量让它保持通风，不要闷在塑料袋里，可以保存两三天，但我通常会趁新鲜吃掉。

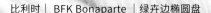

比利时 ｜ BFK Bonaparte ｜绿卉边椭圆盘

树子苦瓜

苦瓜其实是夏天的菜，退火，价钱实惠。

这道菜一定要用白玉苦瓜做，山苦瓜或绿苦瓜都不大适合。

苦瓜除了炖汤外，切薄片炒豆豉小鱼干，或像这里介绍的，用树子（也就是破布子）炖煮，染上些许酱色都挺好。

〈材料〉

白玉苦瓜…1/2 根

大蒜…2 瓣

破布子…3 大匙

破布子罐头的酱汁…2 大匙

淡酱油…3 大匙

料酒…2 大匙

清水…50 ~ 80 毫升

〈做法〉

1. 苦瓜对切，将籽与膜清干净，切长条块。膜是苦味的来源，一定要尽量去除。大蒜拍开。

2. 热锅下油，爆香大蒜后放入苦瓜，翻炒让所有材料都蘸到油，沿锅边倒入料酒，待酒气蒸掉，加入淡酱油、破布子酱汁、破布子炒几下，最后倒入清水。

3. 煮滚后转小火，将汁收到原本的一半，或是苦瓜都煮透即可熄火，放凉慢慢入味。

卤水花生豆干

　　卤味大概是仅次于咸酥鸡，第二常被大家买回家配酒的下酒菜吧。我也喜欢卤味，偶尔会买外面的，但更常自己做。

　　自己做的话，除非时间充裕，我才会从牛腱、牛肚、鸡爪一路卤到大肠，因为真的很费工，要炖要闷要浸泡。大部分时候，我都只会卤一点花生或豆干，简单煮简单吃，放在冰箱两三天没问题，可以当常备下的酒菜。

〈材料〉

水煮花生…200 克

豆干…6 片

大蒜…2 瓣

八角…2 颗

鸡高汤…可盖过所有材料的分量

酱油…4 ～ 5 大匙

冰糖…0.5 大匙

辣椒…1 小段（可省略）

葱花…适量

辣油…适量

〈做法〉

1. 豆干快速汆烫。

2. 鸡高汤中放入大蒜、豆干、水煮花生煮滚，转小火再加入八角、辣椒、酱油及冰糖，以小火再卤 20 分钟左右，或至豆干入味即可。

3. 吃的时候可抓一把葱花、淋一点辣油。

鸡高汤怎么煮？

关于这里使用的高汤，我的习惯是会利用周末一次多煮一点分装冷冻，这样要用时随时可用。

平常买去骨鸡腿时，若是在市场买，可以把骨头留下冷冻，类似这样只要煮一点点炖煮料理时，就能拿出来用。鸡骨煮之前先汆烫，洗掉表面的残渣，再放进锅里与材料同卤即可，半途可捞出丢弃。

10

甜滋滋的一杯

谁说甜点不能配酒呢？

在法国读书的那段时间，有时会与几位法国朋友在家聚餐，喝酒闲聊。法国年轻人聊天总需要佐酒。某日深夜，酒已数巡，下酒菜早清盘，我打开食物柜拿出一包黑巧克力，75% 的浓度，剥成一小口一小口地吃，配红酒，隐约记得是一瓶卢瓦尔河谷产区的葡萄酒。

来做磅蛋糕吧，绵密的奶香，深沉的酒渍果干，肥美的诱人香气，一入口，全身所有细胞都醒了，啊，原来身体渴望着甜。

　　"我曾经有位朋友，他也会用巧克力配红酒。"法国友人毫不掩饰惊讶地说。

　　"因为他用巧克力配红酒，所以他不再是你的朋友了？"我反问。

　　法国友人只是浅笑不答。我会如此问，是因为他用了过去式，"曾经的一位朋友"，那想必现在已不是朋友了。当然这只是酒席间的玩笑，但我知道他对于配红酒的料理的坚持，绝对是真的。

　　很多人认为不能用甜点配红酒，更执着的人甚至觉得不能以甜食佐酒，认为是歪门邪道。我当然不同意，只要风味不冲突，甜点佐酒没什么不好，甜点配甜酒，相得益彰，甜点配烈酒，互补圆满。

昭和布丁

今年是令和元年（令和为日本新年号，令和元年即为 2019 年），昭和已是上个世纪的事，但其实并没有你以为的那么远。大家口中的"昭和味"仍旧存在于老喫茶店、小居酒屋、小说、电影日剧和很多大叔身上。

那是一种气味，喫茶店的绒布卡座椅，黑褐发亮的木头吧台，已八十岁却还是打直背脊为客人手冲咖啡的店老板，也是坚持的老派。当然食物也有昭和味，朴素的肉豆腐、炖煮内脏、切得方方正正的蛋沙拉明治，还有昭和布丁。

如果问昭和布丁跟一般的布丁有什么不同？大概就是自家制，完全没添加，不花俏，朴素得不得了，上面一层薄薄的焦糖，像富士山头。大致来说，昭和布丁的口感比较硬，用较多的蛋蒸烤而成；我的版本则是偏软，卡在极软嫩但仍然能翻得出模、再软一分则塌的临界点，而焦糖微苦，太入味，只要吃过一次这样的布丁，就不可能回头了。

这是我的昭和布丁，给你配一杯白兰地。

....

〈材料〉 ▶ 此食谱可做 4 个容量为 160 毫升，或 8～9 个 80 毫升的布丁小模具

※ 焦糖

细砂糖…60 克

热开水…1 大匙

※ 布丁体

蛋…4 个

牛奶…450 毫升

细砂糖…60 克

〈做法〉

1. 在模具上抹薄薄的一层黄油。

2. 先煮焦糖，用一个小锅装细砂糖，转中小火，不用放水，糖会自己慢慢化开。但必须全程看着，因为糖化了后，转焦上色会在一瞬间，不小心很容易焦过头。

3. 等焦糖呈现漂亮的深褐色时，熄火，小心倒入热开水，糖会起泡、喷溅，小心不
   要烫到。

4. 把煮好的焦糖平均倒入模具中，轻轻摇晃模具，让底部都铺到焦糖。倒好后，将
   模具放进冷冻库，让焦糖快速凝固冷冻 15 ～ 20 分。

5. 趁焦糖在冰的时候准备布丁体的蛋汁。把所有蛋都打散，加入砂糖和牛奶拌匀，
   然后过筛（非常重要，不可省略）。

6. 取出冷冻的模具，小心地倒入蛋汁，以牙签刺掉，或用厨房纸巾吸一下表面的
   泡泡。

7. 烤箱预热至 150℃，在烤盘中倒热水，放入布丁模，半蒸烤。烤 20 ～ 25 分钟即
   可，试着用牙签或探针刺刺看，如果没有任何粘连就差不多了。

8. 烤的时间与使用的模具大小、深度相关，模越大就需要越久；一开始可能要自己
   调整一下时间。

如何漂亮地脱模?

布丁的模有不同选择,可用小烤盅烤,直接以汤匙挖来吃;另一种是必须翻出来的金属模,如果要做昭和布丁,当然是后者,不然就没有富士山头了。

脱模方法很简单,拿一个有深度的小碟装一点点热水,将布丁模的底部在热水中泡 30 秒左右,让底部的焦糖略微融化,才不会粘连在模具底部下不来。再以牙签或探针仔细沿着布丁壁面刮一圈,拿准备装布丁的容器盖在布丁模上,倒过来,轻轻晃一下模具,如果一直翻不下来,再以牙签从布丁与模型间挤开一点空间,只要空气进去就马上下来了。

粉红酒渍甜桃

"你这桃子是罐头的吗？"

我不可置信地抬头看着问这句话的人，"你觉得呢！"

每年五月开始就进入桃子季，我总会煮一堆桃子。虽说要去皮慢煮有点麻烦，但我实在受不了桃子那股甜到底的诱惑，煮好的桃子剔透着红粉，又甜美又性感。

我喜欢用粉红酒煮，粉红酒听起来就有粉红泡泡感，即使它不一定有气泡。

早年大家对粉红酒评价不高，不知是不是因为以前进口的粉红酒真的太难以入口，所以到现在还有很多人认为粉红酒就是质量较差的酒。但其实粉红酒清爽，微酸，很多带有浓郁莓果气息，非常迷人，配白肉、蔬菜或海鲜都极好。在盛夏的南欧，与其说是酒精饮料，不如说是饮料，南法甚至在粉红酒里加冰块。

〈材料〉

桃子…4 个

细白砂糖…40 克

香草荚…1 根

粉红酒…350 毫升

水…350 毫升

〈做法〉

1. 桃子削皮，硬的时候不容易取掉核，建议整颗煮。用刀在桃子底部划十字即可，刀要深入桃子肉中，而不是只有表皮。将香草荚中的香草籽刮出。

2. 在锅中放入水、粉红酒、细白砂糖、香草籽与香草荚，煮滚后加进桃子，用微火煮 20 分左右，不时翻面搅拌，煮到表面略呈透明感即可熄火，放凉，连同桃子汁一起装罐密封。

3. 浸泡至少 24 小时再享用，第 3 天后更美味。

在比较热的地方，一年
当中大概有三个季节都可以
喝粉红酒，也可以用来做甜
点，煮桃子，煮西洋梨，做
果冻，尽情喝尽情用，享受
粉红泡泡的清新。

煮桃子当然不一定要用
粉红酒，白酒或红酒也可
行，但谁能抵抗粉红泡泡的
召唤呢？

《小贴士》

★挑选煮酒渍桃的桃子时，
要选还没熟透的，太熟的桃子很
容易煮得过烂，我们想要的是口
感细腻。

★酒渍桃也可以先切片后，
放入冷冻室，再打成冰沙享用。

如何用酒渍桃煮汁来做果冻？

用粉红酒渍甜桃的煮汁，千万别浪费了，可以用它来做成果冻，和酒渍桃搭着一起享用，是甜蜜加上甜蜜啊！

〈材料〉
果冻
煮桃子的汁…400 毫升
酒渍桃…4 个
吉利丁片…6 克
薄荷叶…少许
细白砂糖…适量（可不加）
柠檬汁…适量（可不加）

〈做法〉
1. 只取桃子汁用小锅加热，如果想甜一点，就加点糖；如果想酸一点，就补点柠檬汁，非常自由。但要加吉利丁前，要先确认总液体量是多少。
2. 吉利丁片事先以冷水浸泡 1 分钟，让它软化。每 100 毫升液体需要 1.5 克左右的吉利丁，如果想要硬一点，可以加到 2 克；如果喜欢很软，接近"喝"的口感，也可以用1.2 ～ 1.5 克。
3. 煮汁微滚后，放入软化的吉利丁，快速搅拌均匀后就可以熄火入模。冷藏至少 6 小时让它凝固。
4. 搭配切丁或切片的桃子一起享用。

〈小贴士〉

★煮汁如果不做果冻，也可以加入气泡水当清凉饮料或拿来调酒。

翻转焦糖苹果塔

　　这道甜点的起点是焦糖，终点也是焦糖。

　　焦糖是深褐色的渴望，拿一只锅装了糖，放到炉上，点火，看着它从细白的糖渐渐化为透明糖浆，再过几分钟就会转为金黄。你盯着锅底丝毫不敢松懈，生怕一分神，糖就焦了。焦糖不等人，人等焦糖。

　　所有煮糖的人都想要抓住那一瞬间，糖由金黄转深褐的瞬间只有短短的一秒钟，需要抓到这一刻，赶紧进行下个步骤，比如熄火，比如倒入温热的淡奶油，又比如加几块黄油进去，像这道甜点所需要的。

　　这是起点。

煮过苹果剩下的焦糖带苹果香与酸，少了甜腻多了清爽，拿一把小刷把焦糖实实在在地抹在苹果塔表面，光泽诱人亲近，难以抗拒，这大约就是终点。

　　但也或许，真正的终点是餐桌上，切下漂亮的一块苹果塔，配一杯加了白兰地的黑咖啡，焦糖香气溢满餐桌，一顿美好晚餐的终点。

〈材料〉 ▶此食谱可做 1 个直径 18 厘米模具的分量

※ 焦糖苹果

苹果…大的 2 个，切扇形，每片厚度 0.8 ～ 1 厘米

细白砂糖…80 克

无盐黄油…30 克

※ 蛋糕体

低筋面粉…80 克

杏仁粉…20 克

细白砂糖…80 克

无盐黄油…100 克

无铝泡打粉…1 小匙

蛋…2 个

....

〈做法〉

1. 18 厘米的模具刷上油，烤箱预热至 170℃。

2. 先做焦糖。在平底锅中放入细白砂糖，以中大火加热让糖融化成糖浆状，等颜色转为褐色时，转小火，放入无盐黄油，小心搅拌。

3. 当糖跟黄油混合，颜色加深后，放入切成扇形的苹果。刚开始会觉得糖要烧干或变硬，但苹果加热后会出水，因而让焦糖略微变稀，所以不用担心，持续拌炒，直到焦糖略为收汁，苹果软化，表面微微透明，裹满焦糖即可，需要 12 ～ 15 分钟。

4. 把苹果铺进模具底，塞紧，放凉。

5. 准备蛋糕体的面糊。在大碗中将细白砂糖和无盐黄油打匀（可用搅拌器低速打，比较轻松），打至略呈浅黄色的乳状，再一次打 1 个全蛋进去，拌匀，筛进面粉和无铝泡打粉，继续搅拌至滑顺没有颗粒为止。以刮刀以切拌的方式混合，不要过度搅拌。

6. 把面糊平铺在装了焦糖苹果的模具中，表面尽量涂平。放进以 170℃ 预热的烤箱中，烤 25 ～ 30 分钟即可，取出烤盘，趁热时翻转脱模。

翻转塔要怎样漂亮脱模？

最重要的关键是抹奶油，即使是不蘸材质的模，也都务必事先抹油；如果是铁模，除了上油外，可以再撒上薄薄的一层面粉，确保烤好绝对不会粘连。

很多甜点都需要脱模，塔、派、磅蛋糕都是，若是甜点新手，我建议买活动底部的塔模或派模，可从底部往上推，把烤好的甜点整个推出。

翻转苹果塔，顾名思义就是翻过面的塔。出炉后拿一个大盘子压在塔上，再连盘带模整个翻面，倒过来放，再用夹子或筷子把模具拿起来即可。

塔饼一定要用杏仁粉吗？

也可以不用，但是杏仁粉会带来不同于面粉的香气，有些许的坚果味，且杏仁粉的油脂含量高，大约是50%，会让糕点的口感更膨松。

法国 | Lon 克 wy St. Cloud 大盘
Longwy 瓷器厂最早起源于公元 1798 年

白兰地果干磅蛋糕

朋友为我带上一包当地名店自家烘焙的咖啡豆，我则送上一条自己烤的磅蛋糕做为交换，礼尚往来。

不久后，朋友有机会吃到东京 Pierre Hermé 的磅蛋糕，发了个消息给我，说："你做的比较好吃。"那一天里，即使工作种种烦心事，但这句话足以维持我整日嘴角的微笑。

当然了，这么好的配方不能独享，请务必试试看。

〈材料〉▶此食谱可做 2 个 14 厘米 ×6.5 厘米 ×5 厘米蛋糕模的分量

全蛋…2 个（大约 100 克）

细砂糖…100 克

无盐黄油…100 克

低筋面粉…60 克

杏仁粉…20 克

水淀粉…20 克

泡打粉…1.5 克

酒渍果干…1 把

白兰地糖浆（用同等的糖及白兰地煮成）…适量

〈做法〉

1. 准备酒渍果干，以白兰地与马尔萨拉酒混合浸泡大颗葡萄干，至少泡一整夜（若泡足一星期会比较有味道）也可只用白兰地。如果要给小朋友吃，就用一点温水

或糖水泡软即可。

2. 烤箱预热至 180℃，烤模抹上黄油并略撒薄薄的一层面粉。

3. 无盐黄油在室温放软，与细砂糖一起搅拌（用搅拌器低速打，比较轻松），打到黄油颜色略呈浅黄色的乳状，再一次加入一个全蛋，打到接近乳白色，且搅拌器能在黄油糊上留下搅打痕迹为止。

4. 将低筋面粉、水淀粉、杏仁粉与泡打粉混合过筛，加入上述的黄油糊中，用刮刀以切拌的方式混合，不要过度搅拌，不然面粉会出筋，呈光滑状即可，放入果干，倒入烤模，送进烤箱。

5. 以 180℃烤 20 分钟，打开烤箱让温度略降，再调至 150℃续烤 10 ～ 15 分钟，用探针刺刺看，没有粘连即可。趁热翻出来，全体（包括底部）涂上事先煮好的白兰地糖浆。放凉，以保鲜膜仔细包好，冷藏至少一个晚上再吃。

6. 吃之前再切片，以锡箔纸或烤盘纸包着烤热享用。

关于材料的选择？

这款蛋糕材料及步骤都非常简单，但材料越简单，质量就显得更重要。我建议尽量用好的奶油，奶油的香气在这款蛋糕的整体香气中扮演了最关键的角色，可以的话，要用法国奶油。

关于磅蛋糕的熟成？

磅蛋糕是需要熟成的，出炉马上享用当然很美味，口感蓬松轻盈，充满奶香；但如果你多放一天，两天，三天，磅蛋糕是会后熟的，风味越来越饱满。之前在某一期日本杂志《料理通讯》上看到，有甜点师傅在出炉当天先刷一次白兰地糖浆，以保鲜膜密封后冷藏，三天后再取出刷一次，过三天再刷一次，放一周甚至两周再吃。糖浆会从表面慢慢渗入蛋糕的中心，让原本松松的蛋糕体变密实，也更湿润，要吃之前再切片，以小烤箱烤热，极美味。

意式奶酪

奶酪与布丁不同，纯白无瑕。

没有焦糖陪衬，没有鸡蛋作伴，只有鲜奶与糖，越简单的东西越困难。要掌握吉利丁与奶的比例，要掌握煮牛奶的温度，这几样条件缺一不可，做出来的奶酪才会轻盈，不带油味，也才会软嫩。我觉得奶酪的口感是这样的，充满弹力、汤匙挖下去形状完整，边缘还能干净利落有线条的那种，也就是大部分西餐厅提供的餐后甜点，都是不合格的，吉利丁太多。

软软嫩嫩，吹弹可破，巍巍颤颤，入口即化才完美。小心翼翼地从模具中翻出来，倒一大匙枫糖浆，让那甜蜜汁液从富士山头滑落，多美好。

还等什么，快吃吧。

〈材料〉

牛奶…400 毫升

糖…40 克

吉利丁…5.5 克

〈做法〉

1. 模型抹上薄薄一层奶油。

2. 在小锅中以中火加热牛奶和糖，同时以冷水将吉利丁泡软。

3. 煮到牛奶 65～70℃时，放入软化的吉利丁，迅速搅拌溶解即可熄火，过筛倒入模具中，放凉后冷藏至少 6 小时即可享用。

《小贴士》

★脱模的方法请参考前面昭和布丁（P191）。

★因为吉利丁的比例通常是每100毫升用1.3～1.5克，但是越软越难翻出来，所以大家可以视喜好和翻模能力，自己调整到喜欢的软嫩程度。

★如果想要增添一点酒香，可以加一匙杏仁香甜酒（Amaretto）或白兰地，配一小杯麝香葡萄甜酒或威士忌，挺好。

11

很多很多杯之后

夜深了，酒杯空了，居酒屋里群聚的人们渐渐起身，摇晃着身子，扶着彼此的肩散去。

"差不多要收尾了吧？"

"好啊，要点什么？"

每个酒鬼，
都需要一碗热腾腾的汤，
才是救赎。

　　对喝酒的人来说，收尾非常重要，是一段对话的句点，是电影的散场曲。没有"收尾"就没有完结感，就像法国人吃完晚餐没吃甜点一样奇怪。而且喝完酒容易胃凉，若是能喝碗热汤、一碗拉面或一份实在的淀粉，应该再幸福不过了吧。

　　这本书看到这里，大家应该不知不觉喝很多杯了吧，是时候放下酒杯，来收尾吧。

蛋丼

　　蛋能带来即刻的满足，白饭也是，这两样凑在一起就更无敌了。

　　即使胡乱做也没关系，重点是要动作快，从打蛋、下锅到熄火，一气呵成，好的嫩蛋应该光滑细嫩，极软，表面蘸着未完全凝结的蛋汁，漂亮的七分熟，大约是这样。摆在现煮的白饭上，淋点酱油。

　　日本人讲究细节，酱油除了分产地，分熟成年分，分浓淡，还分用途，若是到日本大型超市酱油区一逛，便会发现有专门给"生蛋拌饭"用的酱油，也有蘸生鱼片的酱油，蘸饺子的酱油等，非常多样。因为不同食材有不同特性，必得搭配不同风味的酱油才能完美发挥。

　　我们可能没那么讲究，但是挑选一瓶好的无添加酿造酱油还是必须的，找一瓶带点甜味的酱油，在嫩蛋上滴个几滴，这是对一颗好蛋的敬意。

〈材料〉

蛋…2 个

白饭…1 碗

酱油…适量

鲣鱼片…适量

〈做法〉

1. 准备好白饭。

2. 蛋打散，开中火，在平底锅里热稍多一点的油，将 2/3 的蛋液倒入锅中，迅速用筷子搅拌，蛋凝结很快，差不多七分熟时，再把剩下的蛋液也倒入，摇晃锅子，整体到达七分熟时一口气倒盖在白饭上。

3. 趁热淋上酱油，撒鲣鱼片享用。

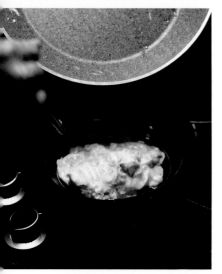

《小贴士》

　　★蛋丼很随兴，只要有蛋跟白饭就行，也可以煎一颗荷包蛋放在白饭上，淋酱油，用筷子把蛋黄划破的那一刻你会觉得身在天堂（完美荷包蛋请参考 P046）。

比才干拌面

每家都有属于自己的干拌面味道。

小时候比妈总会卤肉臊，再用肉臊酱汁拌面，那是我一直以来习惯的拌面味道。长大后我开始到处吃，渐渐吃了各地的面、加了醋的干面、葱油拌面、麻酱拌面，每一种都好吃，但不算是我自己的味道。

我偏好细面胜于宽面或家常面，喜欢较硬的口感，拌面酱要有点辣，带一些香油香，酱油也不能太淡。试了几种酱油，也换了几种醋，这才找到满意的味道，百吃不腻。煮了几次下来，配方比例也就定了，酱油、白醋、桃屋辣酱的比例是 2：1：2，再加一点点香油添香。

煮面没什么学问，抓紧点水与起锅时间就行，煮细面不用久，点一次水，再滚即熄火捞起，甩干水分，与酱料快速拌一拌，有葱花就加，没有也无妨。

这就是了，我的味道。

....

〈材料〉

细拉面或阳春面…1 球

淡酱油…1 大匙

白醋…0.5 大匙

桃屋辣酱…1 大匙

盐…少许

香油…少许

葱花…少许

〈做法〉

1. 烧水煮面，同时在碗中准备所有调味料（淡酱油、白醋、桃屋辣酱）。

2. 面煮好捞起放入碗中，尽量把面甩干，只保留一点点煮面水，快速拌开、撒上葱花享用。

猪肉味噌汤

　　《深夜食堂》里，猪肉味噌汤是菜单上唯一的一道菜，做成定食，里头加了大量的蔬菜，是让人饱足的暖心料理。另一本漫画《酒之仄径》中，主角把猪肉味噌汤当成下酒菜，仔细夹出汤里配料，一次一样，慢慢配酒。

　　我的猪肉味噌汤倒都是收尾，喝完酒的收尾或一顿饭的收尾。可以很随兴，除了猪肉片一定要加（不然就不叫猪肉味噌汤了）之外，其他材料我有什么加什么，根茎蔬菜、豆皮、豆腐、魔芋、各种菇类，常常一边担心"材料够吗？"一边不停加入更多的菜，不知不觉就煮成一碗料比汤多的猪肉味噌汤了。

〈材料〉

日式高汤…1000 毫升

白味噌或信州味噌…适量

猪五花薄片…100 克

白萝卜…1/4 根

胡萝卜…1/2 根

香菇…2 朵

豆皮…2 片

魔芋…半块

葱花…1 把

〈做法〉

1. 猪五花肉片、切小片的魔芋以滚水烫过，捞起来备用。胡萝卜、白萝卜切薄片，豆皮切小块，香菇切片。

2. 在大锅中炒烫过的肉片及所有配料（除了葱以外），再加入日式高汤，煮滚后转小火煮 15 分钟，所有材料都熟了后，熄火，加入味噌拌匀。

3. 要喝之前再撒上葱花。

《小贴士》

★ 为什么要先烫猪五花片？五花肉片较肥，油脂多，先烫过可去除部分油脂，煮出来的汤较清爽不油腻。

茶泡饭

　　日剧上常出现一种场景，加班到很晚（或喝酒晚归）的男主人回到家，粗着嗓子问太太说肚子饿了有什么可以吃，很尽责的日本好太太会端出一碗漂漂亮亮、工工整整的茶泡饭，附一小碟酱菜；觉得老娘不爽超火大的日本太太，或许会大声回绝："你自己想办法，喝到这么晚还要我伺候。"被骂的男主人会自己想的办法，大概也是去翻锅里的剩饭，倒点热茶，成了一碗茶泡饭。

　　实在是，殊途同归。

　　但茶泡饭就是这样，可简可繁，以简单的状况来说，连醉酒的大男人也能做得出来；若是想复杂精致，那当然也是可以很精致的。

216

〈材料〉

白饭…2/3 碗

日式高汤、煎茶或焙茶…350 毫升

配料…适量

烤三文鱼或市售的茶泡饭料…适量

〈做法〉

1．在碗中装好白饭，冷的也无妨，但不要是冷冻的，如果是冷冻的饭要事先解冻。

2．加入烤过并事先剥散的三文鱼，再冲入热高汤或热茶即可。如果没有适合的材料，
   也可以直接用市售的茶泡饭料。

〈小贴士〉

　★哪些东西适合当配料？烤过的鱼肉、咸三文鱼、日式梅干、酱菜，奢侈些也可以放上三文鱼卵或海胆，家里没什么材料的话，也可以把海苔剥一剥加进去。没有现成的茶泡饭料，也可以自己调制，高汤先调过味，加一点海苔丝、小米果，甚至三岛香松都可加进去。

柠檬冷面

　　曾经在东京一家小关东煮店吃到让我回味再三的柠檬拉面，细卷中华拉面，加了热高汤与柠檬汁，再放几片柠檬。那天同桌的友人都饱了，但又想尝鲜，所以五个人分食一碗，一人只尝一小口，实在太美味了，回家后大家仍念念不忘。

　　后来其中一位朋友找了一段影片给我，是九州的酸橘冷乌冬面，好诱人啊，不如先试试冷面。我将酸橘汁换成黄柠檬汁，乌冬面换成素面，成品果真非常好，盛夏的夜晚喝过酒，用这个收尾也不错。

〈材料〉

黄柠檬…2 个

细面…2 把

日式高汤…500 毫升

白芝麻…2 大匙

〈做法〉

1. 先准备日式高汤，可用昆布、干香菇与鲣鱼片煮制而成，放凉冷藏。

2. 黄柠檬洗净轮切半圆薄片，另一个压汁。

3. 煮细面，起锅后立刻冰镇。

4. 在大碗中放入面条、高汤，铺好黄柠檬薄片，撒上白芝麻。上桌后视各人喜好加入柠檬汁。

沙丁鱼意大利面

意大利面在正式的餐厅中，是与炖饭一起被视为"第一道（primi）"，在主菜前上场。但我曾经在杂志上看到介绍，一家日本的居酒屋将意大利面当成收尾，提供各式各样带有日式风情口味的意大利面。意大利面无论如何也是一道热腾腾的淀粉类食物，这样想想，好像也不那么违和了。

而且，咸香的沙丁鱼味，好像又能再配一杯酒。

有闲情逸致的时候，我还会自己做手工面。从揉面开始，不要觉得会弄得满手面粉糊，好像麻烦又狼狈，但其实揉面是全世界最解压的事情之一，有意大利压面机的帮忙，做面其实很容易，第一次做可能会手忙脚乱，但第二次做就上手了。

〈材料〉

沙丁鱼罐头…1 罐

大蒜…2 瓣

辣椒…1 小截

意大利面…2 人份

盐…适量

黑胡椒…适量

欧芹…1 小把

〈做法〉

1. 在深锅中烧水，待水滚后加入几大匙盐（分量外，大约为水量的 1%），再放入意大利面，煮的时间每种面不同，请参考包装上的说明。煮至弹牙即可捞起，不需完全煮软。

2. 另起一锅准备拌炒面，打开沙丁鱼罐头，先在锅中倒入罐头中的所有油，放入蒜片与辣椒，开中小火逼出香气，再放入沙丁鱼，以锅铲将沙丁鱼压成小块。

3. 炒至沙丁鱼及油滋滋作响、冒小泡即可熄火，倒入煮好的意大利面及两大匙煮面水，稍微翻几下锅让面与酱、沙丁鱼混合均匀，以盐及黑胡椒调味，最后撒上欧芹末增加香气即成。

〈小贴士〉

★面条千万不要煮过头，一般市售的意大利面包装上都有写出建议烹煮的时间，请参考。

★沙丁鱼罐头一般来说是油渍，超市买得到的大多是葡萄牙或西班牙产，鱼骨酥软，全鱼皆可食，而罐头内的油渍酱汁除了油本身外，还包裹了沙丁鱼流出的汤汁，非常美味，拿来拌面正好，可千万别浪费。

如何手做意大利面?

如果不想买现成的意大利面,也可尝试自己手做,吃过一次手做的面,就不会想回头啦。配方很简单好记,每一人份足量的面条大约是 100 克的面粉配上一个蛋,200 ~ 300 克的面粉是好操作的分量,如果是手揉的话,建议一次最多不要做超过300 克,比较好掌控。

〈材料〉

低筋面粉或杜兰小麦面粉…200 克

蛋…2 个

〈做法〉

1. 在干净的桌面倒上面粉,把面粉堆成一座小山状,用手指在中间挖一个凹槽。
2. 在凹槽内打入 2 个全蛋,用叉子慢慢搅拌蛋液,小心拌匀,并一点一点地将旁边的面粉拌进来,直到面粉全拌入,改用双手操作。
3. 用手揉面,将面团揉至均匀、无颗粒、表面平顺,需 5 ~ 10 分钟。揉好后,放入大碗内以保鲜膜或湿布覆盖,饧面 30 分钟。
4. 饧好后,以擀面棍或压面机将面团慢慢压成薄面皮,切成想要的宽度即可,在表面上撒些面粉,才不会粘连。
5. 手做的新鲜意大利面,冷藏可保存 2 天;也可挂在晒面架或衣架上干燥,能保存 2 ~ 3 天,优点是不会粘连。

12

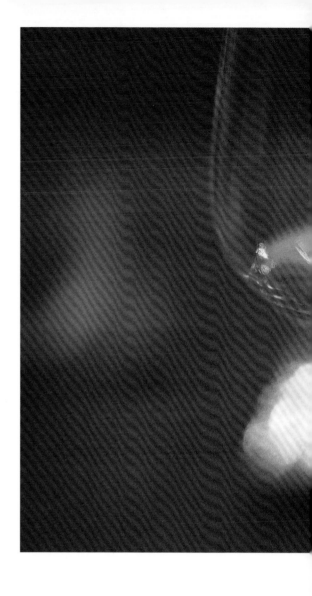

为自己调一杯

　　酒没有贵贱之分，对我来说，只有喜不喜欢与适不适合之分。

　　大部分时候，我会以红白酒、啤酒或日本酒搭餐，平日喝一杯也大约
逃不出这几种酒。但偶尔会想喝不是那么制式的酒，不是别人事先做好，
我只能接受而无法介入的酒，有的时候，需要超出生活的日常，寻找不同

没有摇酒壶，没有搅拌棒，没有滤冰器，只有随兴的开心，我就是我自己的调酒师。

的风情。这时候我就会为自己调一杯酒。

没有下酒菜的时候，酒就是主角了，不需要考虑搭不搭餐，只需要考虑搭不搭心情；餐后想吃甜食，手边却刚好没有甜点，不如来一杯甜酒或调酒。威士忌、白兰地、伏特加、几款香甜酒，家里架上随时备着这几款酒，只要有它们和气泡水、蜂蜜，大致上就能变化出几款花样。这些酒或许无法登上真正的酒吧之堂，不是什么上得了台面的调酒，但简单纯粹，欢喜日常。

柠檬鸡尾酒

柠檬鸡尾酒，我一直以来都以它的日文名字（レモンサワー）称呼它，在日本的居酒屋或餐厅一坐定，我通常都先点它，再加一两样基本小菜。用满满的酸凉气泡润润喉，再慢慢研究菜单往下点，开始点菜。

所以说，柠檬鸡尾酒是居酒屋文化的基本也不为过。

少数店家会加糖浆，大部分不会，我的话会看场合，如果只是单纯喝一杯，不搭餐的话，我会加一点自制的柠檬糖浆；如果是搭餐，那就不加，以有甜味的酒来佐餐下酒，有时会干扰菜肴的滋味。

〈材料〉

日本酒或日本烧酒…15 毫升

黄柠檬…1 块

黄柠檬汁…15 毫升

糖浆…适量（可省略）

气泡水…150 毫升

冰块…适量

〈做法〉

在杯中放入适量冰块，挤柠檬汁、倒入日本酒或烧酒，最后再倒入气泡水，搅拌均匀即可。

《小贴士》

　　★柠檬鸡尾酒的变化版：

　　鸡尾酒在居酒屋相当普遍，在日本当然是经典产品，有很多变化，比如把柠檬汁换成浓缩的可尔必思、梅酒或其他果实酒，味道的基底就变了。也可以把气泡水换成冰麦茶、冰乌龙茶。我也试过一半的气泡水配一半的新鲜苹果汁，再加烧酒，都很好喝。

　　我觉得除了冬天外，都很适合喝。

白兰地蜂蜜咖啡

高中时，教室后面有一排柜子，每人一格，大部分同学都放私人物品，球鞋、运动服或书一类的，那些女校学生会放在学校的寻常玩意。

我少与同学来往，只过自己的日子，仅与几个比较熟的同学谈话，下课时间就在学校里散步闲晃，很自在，丝毫不在意同学背后偶尔的闲言闲语。我的柜子里放了一小瓶白兰地，用没有标签的小罐子装，不说没人知道那是什么，还有茶包、即溶咖啡、茶杯、小盘子与汤匙叉子。

我每天在学校以茶包泡茶，冲黑咖啡，那个年代还不流行挂耳咖啡，有不甜不加奶精的即溶咖啡已经稀奇，然后再加一点点白兰地，我都说是提神醒脑。

或许是青涩年代对成为大人的向往，也或许是对无聊高校生活的无言抗议，我每天在学校做着这些不痛不痒，但老师可能无法非常赞同的事，喝加酒的咖啡，数学课无视老师，以小碟与叉子吃着剥好皮的葡萄，我知道老师拿我没办法。

时间过去，我成为真正的大人了，当年的什么都像风一样过去了，但我一直记得那几年里，加了白兰地的咖啡味，有点苦，有点呛，有点辣，可能还有点酸楚。

〈材料〉

咖啡…150 毫升

白兰地…10 毫升

蜂蜜…适量

冰块…适量

〈做法〉

先在杯中倒入蜂蜜，再倒入热咖
啡，用咖啡的热度将蜂蜜融化。
再加入白兰地与冰块拌匀。

阿佩罗香甜酒苏打

苦中甜的滋味，是深沉的大人味。

阿佩罗香甜酒（Aperol）与金巴利（Campari）是同一家公司的姊妹款酒，相同点为皆以柑橘酿造而成，阿佩罗香甜酒是南欧特有的苦橙，金巴利是葡萄柚，所以两者都带点苦。

不论是阿佩罗香甜酒还是金巴利，都是很常见的开胃酒，意大利的春夏随处可见，每家咖啡馆、酒吧或小餐厅一定有，甚至大家从中午就开始喝了，夏天坐在户外座位区，看看四周，可能十桌里有五桌以上至少有一杯这种红澄澄的饮料。

〈材料〉

阿佩罗香甜酒…20 毫升

气泡水…适量

柠檬…1 块

冰块…适量

〈做法〉

在放了冰块的杯中倒入阿佩罗香甜酒及气泡水，挤进柠檬汁即成。

《小贴士》

★如果需要多一点酒精，也可用20毫升的阿佩罗香甜酒加入10毫升的气泡水和30毫升不甜的气泡白酒，就成了阿佩罗开胃鸡尾酒（Aperol Spritz）啦！

蜂蜜威士忌

深夜睡不着，你会起来看书、看电视、玩手机还是躺着继续数羊？

我会起来喝一杯。

这时要喝的酒必须得甜，甜才疗愈，甜才安定心神，甜能带来满足，现成甜酒何其多，但这种时候我会自己调。威士忌是我家的常备酒，选一支喜欢的威士忌，不需要太顶级，再拿下柜子里珍藏的意大利柠檬蜂蜜，不到 3 分钟就能完成一杯蜂蜜威士忌。

〈材料〉

威士忌…20 毫升

蜂蜜…10 毫升

气泡水…40 毫升

冰块…适量

〈做法〉

在杯内倒入威士忌和蜂蜜，先搅拌均匀，再加入气泡水与冰块就完成了。

自制柠檬酒

　　会动手自己酿柠檬酒，一来是因为喜欢柠檬，二来是因为不想跟大家一样。

　　每年到了四至六月，社交网站上总会看到许多人做渍梅、梅醋或梅酒，我们家其实也酿梅酒，那是比妈每年的大事。所以我想酿点不一样的酒，我很喜欢意大利柠檬甜酒（Limoncello），是意大利南部夏天的圣品，当餐后酒喝小小一杯，挺不错。

　　如果买不到意大利柠檬甜酒，既然想喝不如自己做，而且做法并不复杂。在黄柠檬丰收的时节，酿几大桶，圣诞节与跨年就有新酒喝了。

〈材料〉

黄柠檬…8 个

大粒冰糖…6 个柠檬总重的 1/2 到 2/3

伏特加…1 瓶（700 毫升）

〈做法〉

1. 将 2 个黄柠檬榨汁，6 个黄柠檬洗净、擦干，称重，冰糖的量为柠檬总量的 1/2 到 2/3。如果想甜一点，就多一点糖，喜欢酸一些，糖就少一些。

2. 用削皮刀削下黄柠檬皮，注意只削黄色部分，不要削到内层的白膜，备用。

3. 再将黄柠檬上剩余的白膜全削干净，白膜丢弃，再将柠檬切片。

4. 在干净瓶内先铺一层冰糖，再铺一层黄柠檬片，以此类推直到黄柠檬片与糖都铺完。将柠檬皮放在最上面，倒入伏特加与黄柠檬汁，盖上瓶口，摇一摇瓶子。

5. 之后1周内每天摇晃瓶子，7～10天时，打开来把所有黄柠檬皮取出。继续静置直到满6个月，再把酒滤出装瓶，越放越好喝。

《小贴士》

　　★酿酒的基酒也可以替换为金酒，会多一点草药香；用日本烧酒或白朗姆酒亦可。

　　★怎么喝？可以纯饮，加冰，加气泡水，甚至也可以用它来调日本鸡尾酒，就能省略烧酒。

附录

———

家酒场的
七个关键字

感谢微风超市（微风广场店）特别协助照片拍摄

选酒

我最常在大型超市买酒。

当然也有认识的酒商，平常会固定光顾，或每年在酒展时一次买多一点，偶尔同事开团购也会跟，但大部分的日常饮酒，都一定在大型超市挑选。选酒没有绝对正确的法则，只有个人主观的喜好，以我一个纯外行的喝酒人，分享几个很简单的建议。

一、不要迷信高价酒、评分与得奖

有看过漫画《神之水滴》的人就知道，并不是所有好酒都贵，也当然不是所有高价酒就一定好喝，喝酒还是看个人口味，我觉得惊为天人的酒，你可能觉得太涩了。大型超市为了帮助客人选择，会在每种酒上面写上国际著名葡萄酒杂志 *Decanter* 的评分、得奖记录等，那些都是参考，千万不要觉得获奖的酒就一定好，买了回家若是觉得不好喝，也不用担心是自己品味不好舌头不灵才喝不出来，只是它刚好不对你胃口而已。

如果你在两款酒间犹豫，不晓得要选哪一款，那的确可以看看谁的分数比较高。现在有不少好用的手机软件，一扫就能立刻马上查到评价，但不用特别为了找 90 分以上的酒而找。

我的日常用红白酒，大概都会选择在 100 元人民币以下，因为我太常喝了，不大可能喝高价酒，贵的酒还是会买，但就是特别的场合或朋友聚餐。我的看法是，喝酒以开心、享受为主，除非你为了品酒与鉴赏，那当然另当别论，但如果只是日常饮用，那就在预算内挑选看得顺眼的即可。

二、想象搭配的料理或饮用场合再入手

这其实是个很抽象的概念，买酒的时候真的会知道要搭什么菜吗？除非是天天上超市买菜买酒，那就可以一起考虑。可惜这样的场景，大多

是电影才有，帅气的男士推着推车，挑了一瓶好年份的拉图（La Tour），于是决定买一块高级的肋眼牛排和蓝奶酪，我想大多数人的日子不是这样过的。

我的意思是，选酒时要考虑平时的饮食偏好与习惯，比如家里都吃中式吗？还是会吃西式呢？喜欢怎样的菜色？海鲜多吗？白肉多吗？还是红肉多呢？会吃奶酪吗？如果你以清淡饮食为主，那就不要选太厚重的酒；如果每餐鱼肉海鲜均衡，那不如选白酒或粉红酒，因为它们大致上可以同时搭海鲜跟肉类。如果家里的口味偏向日式，也可以考虑吟酿酒或烧酒。

吟酿和红白酒一样，开瓶后要尽快喝完，抽真空可以多放一天，但我觉得开瓶四天已是极限了。但烧酒是烈酒，比较耐放，只要把瓶口拧紧，撑一两个月没问题，适合酒量不好或不能常喝的人，摆着慢慢喝，而且以搭餐来说，烧酒还是很百搭的。

此外，季节也要考虑。夏天炎热，我通常喝啤酒较多，也倾向喝凉爽、偏酸的酒，这时我就不大会买红酒，除非是清爽系的。但冬天就反过来，冬天的酒以烧酒、威士忌和红酒为主。烈酒暖身，冬日我一定会常备；而红酒也会挑选比较厚实，尾韵绵长甚至带甜的酒，比如风干葡萄酿的酒。

三、多尝试，找到自己喜欢的产区及酒种

多看看酒类杂志，或多翻翻国内外美食杂志，上面都有不少介绍可参考，但我觉得最重要的还是了解自己的口味。

我鼓励大家多尝试，头几次买一定不知道要怎么选，可以先从产区切入，想想那里的风土人情和特色料理，想象那个味道是不是你的菜，如果是的话，不如一试。如果真的很犹豫，那就选瓶子漂亮、酒标顺眼的。

但是要做功课，把喝过的酒拍下来，记下它的风味与你的感想，多

喝多试多累积你的记录，渐渐就会找到喜欢的味道，你会开始明白你喜欢隆河谷地胜于波尔多，你喜欢长相思（Sauvignon Blanc）胜过霞多丽（Chardonnay），久了你就没有选择困难了。

采买

我热爱传统市场。

但我也是个上班族，所以只有周末有空上市场。每到周六，我甚至会特地设上闹钟，比工作日更早起，因为实在担心去晚了市场没菜。我曾经做过睡过头、晚到市场的恶梦，每一摊都是残局，一个熟识的摊家说："都几点了，你现在才来？"还好是恶梦。

我非常推荐大家去传统市场买菜，不仅因为它的人情味，我在一个卖鱼摊位上跟卖鱼大叔学会了很多鱼的知识，也大大拓展了能烹调的海鲜的领域。如果你信任你常买的店家，你就该信任他向你推荐的本日食材，他会告诉你现在当季的菜是什么，什么可以吃什么不要买。如果不确定哪样食材该怎么煮，就问店家吧，他们经验丰富，通常都不会错。

　　传统市场还有另一个我很需要的好处：所有食材都可以只买一点点，即使是一根葱，这真的是一般超市没有的服务。超市的菜都事先包好，干净清爽，但有时候就觉得太多了，我不想要那么多芹菜呀，我只是为了贡丸汤上面飘浮的绿意和香气，根本就不用一整把，这时候就需要传统市场，买两根已足够。

　　如果你不常做菜，只在周末煮晚餐，或像我一样，偶尔做点简单下酒菜，那就更不能买大分量，吃不完只会放到烂，最后送进垃圾桶。大型超市当然很划算，不论是肉类或蔬果都是，但那是因为大量，所以压低了单价，但若是常常吃不完，还是浪费，并没有省到钱。

　　我也爱逛超市。

　　我喜欢琳琅满目、眼花缭乱的感觉，所以不论到哪个国家、哪个城市都一定会逛超市，从果蔬生鲜逛到鱼肉海鲜，从酒水饮料再到罐头酱料。什么样的食材我一定会在超市买呢？大部分的生鲜我都在传统市场购买，除了少数进口食材或特别的材料，如西式香草植物、进口水果、生鱼片或日本和牛外，超市还是以罐头与酱料为主。不是爱用舶来品，而是有些东西真的没办法，非得认明产区，买进口的不可，熟成味噌、日本手工酱油、渍物、金枪鱼罐头，都是我每周得光顾一次进口超市的理由。

不论超市或传统市场都有很多半成品或成品，虽说尽量自己动手做很好，但有些钱还是可以给别人赚，买回来再加工也挺好。比如说传统市场的卤味，担心卫生问题，我通常不会买回来切片即食，而是加一大把葱姜蒜苗，做成炒卤味，还能自己多加点辣；又或是超市熟食部的熟海鲜，再加一点柠檬、柑橘、莴苣做成沙拉，都很方便。平日的晚餐或太累不想大动锅铲时，擅用半成品或罐头就非常重要了。

食材柜

你的食材柜里有什么？

我有五罐金枪鱼罐头、五罐沙丁鱼罐头、两罐鳕鱼肝罐头，冰箱各种酱料的备品各一罐，不同等级、不同产区的橄榄油3～4罐，意大利面、日本素面、意大利米、日本米、粉丝、米粉、果干、可可粉、各式面粉、不同的糖，还有一些零食饼干与拉面。

我常开玩笑说，如果哪天世界末日了，我关在家里应该还能撑一阵子，因为我有不少备粮。其中大家最不理解的是金枪鱼罐头。我家里真的随时保持五罐金枪鱼罐头，只要低于这个数量就得赶紧补，不然我会焦虑。金枪鱼罐头很好用啊，我一向只买油渍的，水煮的肉质偏干。金枪鱼罐头可以拌沙拉，做抹酱，调酱汁，蒸蛋，做三明治，做凉拌菜，什么都没有的时候，挤点柠檬汁单吃也很好，还能当下酒菜，到哪里找这么百搭好用又便宜的食材呢？

如果你常常煮食，家里空间够的话，很建议大家把自己常用的食物列一个清单，随时齐备，食材柜满满很安心。

冷冻室

我的冰箱冷冻室比冷藏室精彩许多。

我的冷冻室一定会有冷冻牡蛎、冷冻虾与可生食的干贝，为的就是深夜突然想喝一杯时，这几样都能快速泡水解冻，快速烹调，一定要备上。还有牛排或牛小排也是不能少的，随时想吃随时解冻。也有一些煮好分装冷冻的菜，比如意大利肉酱、红酱、鸡高汤、牛骨高汤等，日式高汤则不会冷冻，因为从头开始煮也不过 20 分钟。

面包、法棍、细拉面、馄饨皮也是冷冻室的"常客"，大约都是一吃完我就会立刻补的食物。

但我最重要的食材，其实是两份老卤，一份中式一份西式，要是哪天要逃命我一定会带着它们走。每回炖牛肉时，我会从冷冻室里拉出中式或西式的老卤，再加新的酱料与佐料进去，让炖肉吸取老卤的精华，同时也释放出新的风味补充给老卤。一锅炖肉成就后，将残渣滤干净煮滚放凉冻回去。这概念与一些名店的酱汁一样，那一锅永远都煮着，不熄火，每天加新的进去。

调味料

我的调味料很多，或者说非常多，一整排看过去很壮观。

之前曾发生一件事，家里另一人某日中午时间打电话问我："我要煮水饺来吃，到底要蘸哪一罐酱油啊？"真是抱歉，酱油太多造成家人不知如何选择，此刻算一算，我的冰箱里总共有七罐不同的酱油。可别误会，真的每一瓶都在用，只是用途不同罢了。

以下是我的常备酱料。

◆ 金桃酱油

无添加的酿造酱油，共分三月、五月、八月、腊月与白酱油五种，还有油膏，月份越大越浓越陈。我通常会同时备有三月、八月与腊月。三月拿来做凉拌菜或拌面，这本书中所写的"淡酱油"就是三月，偏淡，尾韵带甜，接近白酱油的风味。八月炒菜或炖肉皆可，腊月炖肉非常棒。

◆ 黑豆纯酿酱油

一般的酱油，品牌不固定，原则上是百搭的日常酱油。

◆ 九州风味的偏甜酱油

被我拿来当桌边酱油使用，因为比较甜，很适合加荷包蛋或冷豆腐，蘸凉笋也是一绝。

◆ 日式高汤酱油

这当然也能自己做，用黑豆酱油加昆布与鲣鱼片熬煮入味即可，不过自己做的不能放，我试过几次，常常抓不准用完的时间以至于有点浪费，后来就还是买来用。

◆ 日式白酱油

颜色很淡，也是以鲣鱼风味为主，做日式调味很便利，而且色淡，适合用在不希望色泽太深的料理上。

◆桃屋辣酱

我的百搭圣品，它曾经一度断货，害我紧张得要命，后来每次买都以三瓶为单位。可以拌面、拌凉菜、蘸饺子、调红油抄手、配水煮蛋、炒菜炖肉。我无法想象我的人生中没有桃屋辣酱的那一天。

◆千鸟醋

来自京都的纯米醋，比起一般的白醋，更为温润，或是说，口味是一种婉约的感觉。我会用来做凉拌菜或拌面。

◆高粱醋

相较于千鸟醋当然是平价许多，比起米醋多了一股香甜，通常拿来做大分量的醋渍。

◆巴萨米克醋

绝对是醋界的"劳斯莱斯"，陈年超过六年，质量好的巴萨米克醋

价格不菲，但是它绝对值得。可用来调沙拉酱、煮果酱或做酒渍水果时提味添色，与橄榄油一起蘸面包，加在冰激凌上，只要一滴就有惊人的美味。

◆雪莉酒醋、红酒醋与白酒醋

我至少会有其二，用完再补。做炖菜或浓汤时，如果觉得少了点什么味道，调味差了点什么，那个说不出的"什么"通常是醋，只要几滴，就能立刻让一锅菜味道好起来。另外当然也可以拿来做沙拉酱与做醋渍蔬菜。

◆豆瓣酱

做川菜或中式炖肉时，通常需要一匙豆瓣酱，这种发酵过的食材能为料理加点层次。我通常会买辣豆瓣与不辣的两种。

◆李锦记蚝油

一定要买李锦记，不是我在替它打广告，它就是蚝油的代名词。这款酱我用得不算多，但偶尔想吃蚝油牛肉、葱爆牛肉，还是需要它。

◆中浓酱

中浓酱是许多日本人的心头好，据说热爱中浓酱的大阪人，每户人家都有好几瓶，酸酸甜甜的味道，有点接近英国的伍斯特酱，除了当蘸酱外，最常见的就是拿来做日式炒面了。

◆橄榄油

我有一般橄榄油，和两三种等级较高的初榨橄榄油。一般橄榄油通常用于油渍或油封，一次使用量大的时候。但如果是蘸面包、调沙拉酱，淋在料理上做为一道菜调味的收尾，那就一定要用非常好的。我通常会准备几种不同风味的油，温和的、坚果味浓的与辛辣的，就能做出不同风味的沙拉酱汁。

◆手工果酱

我其实不常吃果酱，抹面包或饼干这种吃法在我家很少出现，但是我还是会常备果酱，为了腌肉或泡茶。以前我会买进口果酱，但现在我们自己的手工果酱也很不错。

◆料酒

我其实经常用便宜的日本酒来当料酒，通常买大包装的，可以用很久。

摆盘

好的摆盘可以为料理加分，它并不一定会让餐点真的变得更美味，但绝对会让餐点"看起来"更美味，也更诱人，所以只要时间允许，我会尽量花点工夫摆盘。但所谓的摆盘不是像高级餐厅那样，大白盘上菜只偏向一侧，留下大量空白，或层层堆叠出一座花园，不是那样的。

我认为家庭料理的摆盘有以下几个原则。

一、排列逻辑

有的时候我们看着一盘丰盛的菜，却不知从何下筷，我认为摆盘最重要的目的之一，应该是把食物在器皿上理出一个排列的逻辑，整整齐齐，干干净净，也让吃的人一眼即知怎样拿取。

二、不要太刻意

虽然说要整齐，但也不能太刻意，比如把所有秋葵都转同一方向，还按照长短排，那就显得呆板，在整齐中带一点点不经意的乱，反而比较自然。

三、适当留白，不然就全满

不要把盘子全部摆满，有的人为了显示澎湃感，每道菜都堆成小山或满到盘子边缘，看起来是很丰富没错，但气质略差了一点，而且视觉上过于平面，也看不出盘子的设计或纹样。但有的时候的确需要摆满，比如薄如纸的生火腿片，可以透光的生鱼片，这种本来就相对扁平的菜色，或是视线能透过食物穿透，看到盘底的菜，就可以排满，满到边缘，甚至故意露一点点在盘外。

四、营造高度

特别是中式炒菜，装盘时试着用大夹子把菜往中央堆高，盘子的边缘务必留出空间，这样在视觉效果上很漂亮，不会一片平坦。不同的高度在餐桌上也能营造出层次感，不会每道菜都是平的。

五、色彩协调

为每道菜都找出一个色彩亮点，比如颜色不一样的材料，葱爆牛肉里的红辣椒，油渍甜虾里的黄柠檬片，麻婆豆腐上的蒜苗，乌鱼子片旁边的白萝卜。如果没有的话，就在与味道协调的情况下制造一个，比如红烧牛肉上撒点葱花，或在前菜拼盘上放一朵食用花。

器皿

我是无可救药的"器皿控"。

前面提到摆盘要搭配颜色，其实也要搭配餐具来整体铺陈。以前我有种无聊的坚持，某一些盘子只能放西式料理，某一些只能摆中式，直到有一天我突然想通了，为什么我要自己给自己设限呢？从此我开启了一扇新的窗，很随兴地使用器皿。用浓缩咖啡杯来装浓汤或茶碗蒸，用法国古董盘放家常菜，以酒杯盛放甜点，以超大的盘子来装一点点的小菜，非常自由。

我的餐具柜里有几乎整套的皇家哥本哈根白瓷餐盘，那是趁商场周年庆活动时慢慢买齐的，每种尺寸都有六个。一般来说，请客时，我会想让大家用整套的餐具，每个人都相同，很整齐，但如果说到有料理的趣味或

个性，就稍微弱了点。这两年我一直在收欧洲的古董老盘，法国的、英国的、比利时或意大利的都有，我喜欢蓝花，也喜欢滚金边，所以刻意在欧洲找了许多里摩日（Limoges，法国中西部城市）的餐具。为了这些美丽的老盘，我打破向来"所有西式餐具都要成对"的原则，因为老盘靠缘分，可遇不可求，不一定能有两个或更多。

读到这里，大家一定会想知道到哪里买古董盘吧。我的老盘大约有一半是跟社交账号"器味"买的，器味的主人品味好，眼光利落，是住在比利时的台湾人，亲自到比利时或法国的市集挑货，每一件都是精品；另一半则是在拍卖网站订，或是去欧洲旅行时慢慢收集的。

我也有很多日式餐具，特别是最常用的小碟与筷架，大概有至少六七套轮替，每套都有五六个，因为一顿家宴吃下来，总是需要换盘子，所以多备着。日常饮食，也最常拿这些小碟豆皿出来，用九谷烧的三寸皿装一颗对切的半熟玉子，或以伊万里古白磁装几片手工巧克力，看着美丽的器

皿，心情也愉悦。

我也收藏日本陶作家的作品，因为手工制作费时量少价高，所以无法收太多。要买日本器皿不难，百货商场的餐具区都有，如果是要陶作家的作品，大概就是"小器"了。另外就是每次去日本时慢慢挑选喜欢的带回来，或者从网络上订。

好的餐具跟耐用的锅具一样值得投资，简单大方的白盘百搭，装什么食物都好；颜色沉稳的深色盘适合放大器的鱼肉料理；边缘滚着花边的盘子适合放沙拉，多一点清新可爱；好的器皿赏心悦目，菜都变好吃了。因此如果可以的话，很推荐大家多花一点点钱，选几件真心非常喜欢的餐具。盘子也好，碗也好，酒杯或刀叉筷子都好，它们可以用一辈子，拜托别再用很多促销赠送的马克杯或盘子了。

● 盐水沙丁鱼

食材仅有沙丁鱼、水和盐，以浸渍方式紧紧锁住鱼肉的鲜美，不用另加调味料，就是最单纯直接的美味。

● 日式照烧沙丁鱼

咸甜照烧酱汁包裹的软嫩扎实的鱼肉，风味独特，东西方特色和谐地融合，让人一口接一口停不下来。

● 辣植物油沙丁鱼

鱼肉不腥不柴，仅以植物油、辣椒和盐来调味，微咸微辣十分开胃，却不失清爽口感。

沙丁鱼礼盒组

从清爽的橄榄油到酸甜茄汁；突显鱼肉鲜甜的盐水到异国情调的照烧。营养丰富，风味绝佳，七种口味一次满足。

● 橄榄油沙丁鱼

使用纯天然橄榄油浸渍而成，清爽口感
加上橄榄油独特的香气，每一口都吃得
出鱼肉的鲜甜。

● 辣橄榄油沙丁鱼

香辣橄榄油浸润结实完整的鱼肉，搭配
辣椒及黄瓜等配料，些微辣度更丰富了
风味层次。

● 茄汁沙丁鱼

选用新鲜番茄及沙丁鱼制成，无添加
物，番茄的酸甜风味及鲜甜鱼肉，堪称
绝配。

● 辣茄汁沙丁鱼

番茄的酸甜风味为基底，以辣椒增添香
气，完整包裹紧实油润的鱼肉，入口滋
味深厚，浓郁美味。

图书在版编目（CIP）数据

家·酒场：67道下酒菜，在家舒服喝一杯 / 比才著
. -- 北京：中国纺织出版社有限公司，2022.10
ISBN 978-7-5180-9506-3

Ⅰ. ①家… Ⅱ. ①比… Ⅲ. ①菜谱 Ⅳ.
① TS972.12

中国版本图书馆 CIP 数据核字（2022）第 065465 号

原文书名：家·酒场：67道下酒菜，在家舒服喝一杯
（或很多杯）
原作者名：比才
本书通过四川一览文化传播广告有限公司代理，经有鹿
文化事业有限公司授权出版中文简体字版本。
本书照片由拍摄者林煜帏、比才（47 右，234）、施清元
（30 ～ 31，36 ～ 37，40 ～ 41，50 ～ 51，68 ～ 69，106 ～
107，122 ～ 123，136，137，154，155，172 ～ 173，186 ～
187，208 ～ 209，224 ～ 225）共同授权。

著作权合同登记号：图字：01-2022-1936

责任编辑：舒文慧　　特约编辑：吕　倩
责任校对：高　涵　　责任印制：王艳丽

中国纺织出版社有限公司出版发行
地址：北京市朝阳区百子湾东里A407号楼　邮政编码：100124
销售电话：010—67004422　传真：010—87155801
http://www.c-textilep.com
中国纺织出版社天猫旗舰店
官方微博 http://weibo.com/2119887771
北京华联印刷有限公司印刷　各地新华书店经销
2022年10月第1版第1次印刷
开本：710×1000　1/16　印张：17
字数：192千字　定价：88.00元